总有一段
幽暗时光，
你要独自面对

辉浩 著

U0754412

台海出版社

图书在版编目(CIP)数据

总有一段幽暗时光,你要独自面对/辉浩著.—北京:台海出版社,2018.11

ISBN 978 - 7 - 5168 - 2151 - 0

Ⅰ.①总… Ⅱ.①辉… Ⅲ.①心理学 - 通俗读物

Ⅳ.①B84 - 49

中国版本图书馆 CIP 数据核字(2018)第 241554 号

总有一段幽暗时光,你要独自面对

著　　者:辉　浩

责任编辑:徐　玥　曹任云　　　装帧设计:源画设计

版式设计:孙元武　　　　　　　责任印制:蔡　旭

出版发行:台海出版社

地　　址:北京市东城区景山东街 20 号　邮政编码:100009

电　　话:010 - 64041652(发行,邮购)

传　　真:010 - 84045799(总编室)

网　　址:www. taimeng. org. cn/thcbs/default. htm

E - mail:thcbs@ 126. com

经　　销:全国各地新华书店

印　　刷:三河市金轩印务有限公司

本书如有破损、缺页、装订错误,请与本社联系调换

开　　本:880mm × 1230mm　　　　1/32

字　　数:240 千字　　　　　　　印　张:9

版　　次:2019 年 1 月第 1 版　　　印　次:2019 年 1 月第 1 次印刷

书　　号:ISBN 978 - 7 - 5168 - 2151 - 0

定　　价:39. 80 元

版权所有　　翻印必究

前　言

　　人生在世,没有人一辈子交好运,也没有人一辈子走背运。失败、委屈、痛苦、无奈、寂寞等等,都是成功前必须要经历与承受的。一个心静不下来的人,心智肯定是不成熟的;一个懂得冷静的人,必然在大是大非面前不糊涂。面对世间百态,我们应适当控制自己内心的不平、愤怒和躁动,只有在小处忍让,才能在大处获胜。

　　现在痛苦的,等过一阵回头再看看,会发现痛苦能够让人成长。人要学会面对痛苦,越是逃避,日后越是痛苦。总有一段幽暗时光,你要一个人独自面对。改变自己,胜于改变一切。

　　曾经,你为了心仪的那个她爱上了别人而伤心欲绝;曾经,你为了工作的烦琐无聊而愤恨抓狂;曾经,你为了闺中密友无暇顾及你而备感失落……现在,你仍然沉浸在过去的伤痛中吗?冷静下来你会发现,时间是最好的良药。时间会很快冲淡过去的痛苦,时间会带走过去的恼怒,时间会抚平过去的伤痕。如今的你所要做的,是对眼前幽暗的时光报之以微笑,珍惜当下,享受生活。

　　享受生活,也许是夏日的午后,静静地坐在公园树荫下的长椅上,看着蓝蓝的天空下树上跳跃的小鸟,草地上一群玩耍的孩子;也许是旅行的途中,躲开那些在一个个景点之间步履匆匆的旅行团,停下脚步欣赏墙缝中开出的一朵红色虞美人;也许是持续了很久的阴雨天气终于放晴,一个人躺在宽大的草坪上看着久违的蓝天和如梦幻般变幻的流云。

当你沉浸在伤痛中不能自拔时，请记住，时间是最好的良药。生活中会有灿烂阳光，也会有凄风苦雨。当你遭遇了凄风苦雨，不要抱怨，不要悲伤，要勇敢地擦干眼泪，在时间这剂良药的帮助下发现风雨之后的彩虹。

常常有人抱怨自己的一生不如意，总是遭受各种无端的挫折，而一旦陷入到这样的循环中，那么会有越来越多的不如意不期而至。挫折是成长之中的常态，它让强者穿越迷雾，也会让弱者无所适从。无论一个人多么不愿意面对挫折，但是要想成就一番事业，就必须学会在挫折中默默地忍耐，学会在挫折中渐渐地辨明方向，学会在挫折中慢慢地积蓄力量。

本书从多角度、多层面揭示了在苦难当中不能沉着面对的种种表现以及其所带来的严重后果，并提出了切实可行的建议，希望能为读者提供有益的参考，帮助读者解决现实世界中的各种困惑。当你被各种错综复杂的局面搞得焦头烂额的时候，不妨翻看一下本书，从中吸取一些经验教训，也许它真的能给你带来有用的启迪。

目　录

第一章

光明由心而生，

人生都会面对一段幽暗的时光

　　想要等到黎明前的曙光，首先要做的就是想办法度过漫漫长夜。这是一个艰难、漫长、备受"煎熬"的过程，同样也是人生必经的阶段。黎明之前必然会经历黑暗，正是因为有了黑暗，探寻光明的价值才会充分体现出来。黑暗只是实现梦想的必经之路，因为黑暗的侵袭而放弃希望的人，最终只会被黑暗所吞噬。相反，那些在黑暗中仍然仰望光明并孜孜以求的人，终究会把事先无法布置的生命舞台前的那张黑色的布幔拉开，看到色彩斑斓的世界。

学会在挫折中积蓄力量

在送别时，人们常常喜欢用"一帆风顺"来做最后的结语。但是自然界的常识告诉我们：只有风帆直面风浪的时候才会走得顺利。其实，那些人生中的挫折就是吹向风帆的风，只有坚持住、直面它，才有可能顺利地前行。成功后不偏离最初的梦想，受挫后不迷失坚持的方向，这也正是一个成大事者的气度。

常常有人抱怨自己的一生不如意，总是遭受各种无端的挫折，而一旦陷入到这样的循环中，那么越来越多的不如意就会不期而至。有很多人习惯将人生比作一场旅行，那些不经意经历的挫折在很大程度上都可以看成是旅行中的岔路，只有历过这些岔路之后，才能找到正确的前进方向。当我们在荒野中迷失了方向时，应当感谢上天让你有了一份自救的能力；在我们工作的时候，老板的训诫会让你不再犯同样的错误。

熟悉瓷器行当的人都知道，绝顶的瓷器是有着灵性的，它体现的是烧瓷人的性格。而一位著名陶艺师以其 20 年来对陶艺的坚持与喜爱，并不断地向前辈、大师学艺，历经无数次的挫折和失败后，最终才形成了独具一格的作品特色。

在陶瓷艺术中，这位陶艺师属于十足的"痴人"，艺术已经完全融入到他的生命之中。他总是强调自己的名字中带有火字旁，他也很在意这个"火"，"都说炉火纯青才能让瓷器摇曳生辉"，与传统的瓷器烧制方式有所不同，他通过改变火在窑炉中穿行的过程来烧制出别具一格的瓷器。

在材料方面，他也不再拘泥于传统的柴烧方式，而是更多地运用燃气窑、电窑等多种方式来保证达到想要的温度。特别是他最钟爱的小口瓶瓶口的直径只有 0.1 厘米，工艺难度非常高。据这位陶艺师介绍，这样的瓶子，通常来说烧 10 个有 9 个都会以失败告终。可正是因为这样的工艺难度，才让他往往要埋头于自己的工作室不断地寻求改进的方法。在他看来，正是这一次次挫折让他不断地逼近完美，一次次的失败最终让他成型的作品散发出了迷人的光辉。

这位陶艺师之所以成功有多方面的因素，除了看不见的天赋外，我们看到的还有他的坚持。这种坚持源于他对挫折的理解，源于对成功信念的不放弃。即便烧制一个自己心仪的陶瓷作品成功率是如此之低，但他仍坚信能够有看到完美作品面世的那一天，最终，他的技艺变得炉火纯青。

绝对的完美本不存在，但你可以尝试接近完美。若是一心想着求稳，不肯努力，更不肯直面挫折，那么你的人生就只能类似于随处可见的瓶子。但若是你将这些挫折看作是完美的原材料，那么最终一定能够创造出惊世之作来！

出身于贵族家庭的巴威尔·利顿爵士，原本完全可以凭借家族中的财富享受自由自在的奢华生活，但是他却最终选择了写作这样的职业。众所周知，职业写作并不像外人想象中那样清闲，它完全是一件苦差事，还经常需要熬夜，所以当时他的选择遭到了很多人的质疑。

很多人认为他完全是一时兴起，觉得以前没有丝毫文学才华表露出来的他只是为了满足自己的好奇心，体验一下生活而已。但是，只有巴威尔·利顿本人知道他坚持这样做是为了什么。

经过夜以继日的努力，巴威尔终于创作出了自己的首部诗集《杂草和野花》。然而，这部凝结着他心血的作品却被当时的文学界视为毫无价值。一位文学评论家甚至讥讽道："这就是真正的'杂草和野花'，巴威尔那个家伙还真是自不量力，以为凭一句'啊，美好的生活'就能够进入作家行列，实在是太可笑了。"

第一部作品的失败使贵族出身的巴威尔成了当时文学界最大的笑料，但是他并没有选择放弃，而是将他人的批评看作是对自己的一种激励。于是，他继续埋头创作，过了一段时间后，他的首部小说《福克兰》问世了。令巴威尔感到沮丧的是，这又是一部失败的作品。这次过后，一些看不惯他的人对他的嘲讽变得更加肆无忌惮，认为他根本不可能在文学领域取得像样的成就。

可是，连续两次的失败并没有让倔强的巴威尔消沉，他仍旧笔耕不辍。或许正是这种倔强让巴威尔的文字慢慢有了灵感，一年以后，巴威尔发表了自己的第三部作品《伯尔哈姆》。这部作品一经问世就得到了广大评论家以及读者的好评，成为一部大家都津津乐道的好书。

从失败的阴影中走出来以后，巴威尔继续着自己的文学创作之路。在以后的写作生涯里，他又发表了许多优秀作品，并被广大读者所喜爱。

爱默生说："每一种挫折，都隐藏着让人成功的种子。"在一次次的挫折中，巴威尔并没有被打败，而是在挫折中寻找到了正确的方向。

温室里的花朵即便再鲜艳，也没有经历风雨后的残花有魅力，一个不历经挫折的人，是很难体会到百转千回后柳暗花明的喜悦的。

面对挫折，我们不应过分地沉迷于痛苦失意的阴影中不能自拔；面对挫折，我们不应整日浸泡在悲伤痛苦的泥沼中越陷越深；面对挫折，我们不应长期颓废而迷失眼前的方向。遭遇挫折，勇敢面对，才是明智的选择。

别担心你会依然失败

巴尔扎克说："挫折就像一块石头，对于弱者而言，它是绊脚石，只能让人止步不前；对于强者而言，它却是垫脚石，让人站得更高、看得更远。"

失败是和成功相伴的，没有了失败，人们就品尝不到成功的味道。然而失败也和痛苦相伴，这才是人们所不能接受的。实际上，失败并没有想象中那样可怕，如果你过度沉溺于失败所带来的痛苦和挫败，那么就永远找不到前进的方向。

失败并不意味着一无所有，它也可以看作是人生的一个警示牌，通过失败总结经验教训，改变对策，重整旗鼓，才能以更好的姿态拥抱成功。在失败中善于做一个"淘金者"，才能找到自己真正需要的东西。

在古苏格兰，有个国王名叫罗伯特·布鲁斯。在他统治期间，周边的那些国家总是企图入侵苏格兰，虽然他率兵奋力抵抗，但还是有6次输给了侵略军。身为国王，屡战屡败让他的自尊心受到了沉重的打击。一个王者不能守护自己的国家，屡次输给侵略者，这种痛苦令他不能自拔。

罗伯特不愿再去想侵略者，他只想摆脱这种痛苦。一天，他在木屋里休息的时候偶然看到了一只正在织网的蜘蛛。这个小东西一次次地将蛛丝缠到对面的墙上，但是却一次次地失败。罗伯特数了数，这只蜘蛛和自己差不多，已经失败了6次。但是这只蜘蛛似乎并未感觉到失败的痛苦，仍旧在不断地尝试着。终于，它在第七次的时候成功了。

罗伯特看到这个场景后深有感触，他想：一只小蜘蛛都知道不断尝试、不断调整自己，我为什么不能这样做呢？于是他不再逃避，重新分析6次战败的经验，终于在第七次的时候打败了侵略者，守护了自己的家园。

如果将奋斗分成两部分的话，那就是守护和追求。人们有时会为了追求而奋斗，有时也会为了守护而奋斗。但失败不会在意你为什么奋斗，总会不合时宜地出来打扰你。若是你被失败吓怕了，妥协了，那你就正中了失败的下怀。任何消极情绪都不会希望你重新站起来。

而如果换一个角度思考呢？失败又有什么，大不了从头再来。一次失败并不能否定你的能力，也不会让你变得比一无所有还凄惨。只要能豁得出去，就可以战胜它！

看看那些伟人们吧，就算是刻骨铭心的失败，就算是深入骨髓的疼痛，也无法将他们笼罩一辈子。因为他们知道，时间会让伤口愈合，时间会给自己提供反击的机会，时间自会解决一切。

我国古代有两位了不起的军事家，分别是孙膑和庞涓，他们年少时一起跟随鬼谷子学习兵法。因为鬼谷子隐居山中，所以他们平时与外界接触的机会并不多，同窗情谊变得更为珍贵，他们甚至以兄弟相称。

他们从师几年后，魏国国君开始四处招贤求才，庞涓本就不喜欢山中的寂寞，想着自己是时候一展才华了，便拜别鬼谷子，匆匆下山入仕去了。而孙膑则认为自己学艺不精，还有很多东西要学，所以依旧追随在鬼谷子身边。

庞涓下山那一天，对孙膑说："我们是八拜之交，情同手足。若是我能够在魏国闯出一片天地，一定会上山来迎你下山，和我一同建功立业。"正如庞涓预料的那样，到了魏国没多久他就成为元帅，掌握了兵权。他率兵一次次地让周边的诸侯国臣服，名声大振。不仅魏国的人民拥戴他，就连魏国国君都非常敬重他。

就在庞涓建功立业的这段时间里，孙膑潜心研究兵法，有了突破性进展，此时的他能力早已在庞涓之上。魏国有人听说后，马上报告给了国君，并力荐孙膑。魏国正值用人之际，魏国国君听说之后便派人请孙膑下山。

听说魏国有人举荐自己，孙膑第一时间想到的就是自己的同窗庞涓，但事实并非如此。此时的庞涓因为功成名就，早就张狂自大了，他根本就没有想到过孙膑。当二人在朝堂上相遇时，并没有预想的那种感动，孙膑自是激动，但庞涓只是表面上的开心。他发现魏王很敬重孙膑，而在自己四处打拼的这段日子里，孙膑显然已经比自己更有能力了，他不愿意孙膑在自己的身边作比较，这样他迟早会地位不保。

于是，庞涓假意让位，背地里却做起了手脚。他使计离间魏王和孙膑，让魏王误解孙膑，而他却装成好人，一边安慰孙膑，一边又在魏王面前说他的不是。最终，孙膑被用刑削掉了膝盖骨。此时，孙膑才意识到自己被曾经的同窗给算计了。

庞涓陷害了孙膑之后，并没有打算放他走，而是将他关了起来，想要套出他跟鬼谷子后来学的那些兵法。虽然被同窗陷害心里难过，但孙膑并没有沉浸在这种痛苦中，他不甘心就这样失败！为了出逃，他装疯卖傻，庞涓见孙膑已经疯了，料想也套不出什么有用的东西来，便放松了警惕。

曾经举荐过孙膑的那个人不忍见孙膑过这样的生活，于是写了一封书信，将孙膑的能力和境遇报告给了齐国大将田忌。田忌觉得孙膑是个人才，就趁着庞涓不注意的时候救走了他。孙膑获救，为了报答田忌的救命之恩，也为了报仇雪恨，开始辅佐田忌，不断进献良策。

最终，田忌和庞涓对战，孙膑用自己的计谋围困住了自大的庞涓，一雪前耻，而庞涓则因急火攻心吐血身亡。

不管怎么看待，失败都不会是一件快乐的事情，它会给人带来挫败感，会给人造成各种伤痛。孙膑便尝尽了这种滋味，他明明是一位成功的军事家、谋略家，却被自己的同窗算计、陷害，甚至留下了终身无法痊愈的伤痛。但是他相信，以自己的能力，绝对有反败为胜的机会，这次失败错在他看错了人、信错了人。所以在日后的对战中，他再也没有犯过类似的错误。

在生命的单行道你不可能有来回走的机会，在一个地方摔倒了，与其回忆这个不会再来的地方带给自己的伤痛，还不如想想在接下来的路上怎样避免相同的事情发生。你要相信，经历过失败的自己会比任何人都要强大。

光明由心而生

是人都会做梦，既然是梦，也就意味着会有梦醒的时刻。有人说，梦醒的时候是最难过的，因为暂时还看不到希望，但是也有人说梦醒是最幸福的时刻，因为在梦醒之后就可以看到黎明的曙光了。

不过，想要等到黎明前的曙光，首先要做的就是想办法度过漫漫长夜。这是一个艰难、漫长、备受"煎熬"的过程，同样也是人生必经的阶段。沉溺于自己梦想不愿醒来的人是懦弱的，他们害怕梦碎的一刻；不愿去梦想的人是可悲的，因为他们无法享受到梦幻变成现实是多么令人欣喜。

黎明之前必然会经历黑暗，正是因为有了黑暗，探寻光明的价值才会充分体现出来。黑暗只是实现梦想的必经之路，因为黑暗的侵袭而放弃希望的人，最终只会被黑暗所吞噬。相反，那些在黑暗中仍然仰望光明并孜孜以求的人，终究会把事先无法布置的生命舞台前的那张黑色布幔拉开，看到色彩斑斓的世界。

很多人都说盲人是弱势群体，但她却是无数个"中国盲人第一"的创造者：中国第一位女盲人钢琴调律师、第一位骑独轮车的盲人、第一位开卡丁车的盲人、第一位盲人跆拳道黄带选手、第一位加入世界杰出华人协会的盲人……很难想象这些成就是一位双目失明、患有先天性白内障的盲人所创造的。童年时，父母因她的先天性白内障而抛弃了她，但姥姥留下了她，并给予了她全部的爱。姥姥用尽全部心力来培养她、教育她、磨炼她，是姥姥的支持让这个从小失明的孩子勇于面对困难，勇敢而坚强地一路走来。

在实际生活中，她并不像大部分人想象的那样没有乐趣，在与人交往的过程中她是一个乐观开朗、爱好广泛的人。她考取了深水证，跆拳道已晋升到黄带，她还喜欢弹钢琴、骑独轮车、养猫，也喜欢画猫。但作为一名盲人钢琴调律师，她在刚开始找工作时处处碰壁，几乎所有人都不相信盲人还会调音。一架钢琴，8000多个零件，闭着眼睛一一触摸，再调出精准的音律，这听起来似乎是件不可能完成的事，但她最终却把这种不可能变成了可能。她凭借自己坚忍执着的精神、熟练的技术、严谨的工作态度，最终赢得了客户的信任与肯定，开创了事业的新天地，成立了中国第一家盲人调律网站。

黑暗的存在是为了衬托光明，然而这个世界上也有和故事中的女孩那样从未见过光明的人。虽然他们的眼前一片漆黑，但是他们的心中却充满着光明。可见，光明由心而生。我们为什么不能多察觉一下阴影背后的阳光，对未来多一点希望呢？

记得诗人顾城的一首诗中有过这样一句话："黑夜给了我黑色的眼睛，我却用它寻找光明。"的确，身处困境并不可怕，可怕的是由此丧失斗志、放弃希望。人生的成功与否其实在于心境，在于我们能否在黑暗中寻找光明。事实上，在黑暗中我们还有很多事情可做，要从容、要淡定。

海伦·凯勒是一个生活在黑暗中却又给人类带来了光明的女性，一个度过了生命的88个春秋，却熬过了87年无光、无声的孤独岁月的弱女子。

然而，正是这样一个生活在盲聋的黑暗世界中的人，却用顽强的毅力克服了生理缺陷所造成的精神痛苦，成了哈佛大学的毕业生，并在大学期间就与老师合作发表了其处女作《我生活的故事》，讲述的是她如何战胜病残。这本书给成千上万的残疾人和正常人带去了鼓舞，被译成 50 多种文字在世界各国流传。

后来，海伦·凯勒到美国各地，以及欧洲、亚洲发表演说，为盲人、聋哑人筹集资金，建起了一家家慈善机构，为残疾人造福，被美国《时代周刊》评选为"20 世纪美国十大偶像"之一。

在"二战"期间，海伦·凯勒访问了多所医院，并慰问了失明的士兵，她的精神备受人们崇敬。1964 年，她被授予美国公民最高荣誉——总统自由勋章。次年，她又被推选为"世界杰出妇女"。

所有的光明和黑暗其实都可以在转瞬之间调换。有梦可以做、有光明可以企盼的岁月是幸福的，这种幸福不分年龄，只要你对未来还有期待，那么你就有权期盼未来，你就还有时间等待曙光的降临。

我们每个人就好像是一叶扁舟，面对浩瀚的大海，显得如此渺小、孤独和迷茫。然而，每个人的心灵救赎最终还是要靠自己。我们要有所期待，期待熬过黎明前最冷最暗的黑夜，用自己的双手赢得未来。

在光明下欢笑是一种本能，而在黑暗中欢笑则是一种品质。让我们学会在黑暗中寻找光明吧。

变"危机"为"良机"

并不是每个机会都是戴着桂冠来到我们身边的，有些机遇往往戴着危险的面罩，致使很多只看表面的人望而却步。那些善于思考的人，往往能变"危机"为"良机"。

据有关媒体报道，2008 年，经济危机全面爆发。与 1873 年、1929 年的经济危机不同的是，1873 年只是美国国内的经济危机，1929 年是西方国家的经济危机，而 2008 年则是全球性的经济危机。

危机来临，股票狂跌、市场疲软、无数企业倒闭、工人失业、大学生就业困难，人们的生活陷入混乱之中。但是，当危机肆虐的时候，难道我们就没有应对它的法宝了吗？答案是否定的。

从"危机"一词的组合中我们可以看出：危险中往往蕴藏着新的机会。那些善于思考的人，往往能变够"危机"为"良机"。

这里有三个故事，也许会给今天面临金融危机的我们一些启迪。

第一个故事：

从前有一座名城最繁华的街市失火，火势迅猛蔓延，数以万计的房屋商铺在一片火海之中顷刻间化为废墟。有一位富商苦心经营了大半生的几间当铺和珠宝店也恰好在那个闹市中。火势越来越猛，他眼看着自己大半辈子的心血就要毁于一旦，但是并没有像其他人那样伤心绝望，而是不慌不忙地指挥着伙计迅速撤离，这令众人大惑不解。然后，他不动声色地派人从家乡河流的沿岸平价购回了大量木材、石灰。当这些材料像小山一样堆起来的时候，他又归于沉寂，整天逍遥自在，好像失火的事压根与他无关。

大火烧了数十日之后终于被扑灭，但是曾经车水马龙的城市大半已经是墙倒房塌、一片狼藉。没过几天，宫廷颁旨：重建这座城市，凡销售建筑用材者一律免税。城内一时间大兴土木，建筑用材供不应求、价格暴涨。这个商人出售建材，获利颇丰，其数额要远远大于被火灾焚毁的财产。

第二个故事：

有位经营肉食品的老板在报纸上看到了这样一则毫不起眼的消息：墨西哥发生了类似瘟疫的流行病。他立即想到，墨西哥瘟疫一旦流传开来，一定会传到美国，而与墨西哥相邻的两个州是美国肉食品的主要供应基地。如果发生瘟疫，肉类食品供应必然会紧张，肉价定会飞涨。于是他先派人去墨西哥探得真情后，便立即调集大量资金购买了大批菜牛和肉猪饲养起来。过了不久，墨西哥的瘟疫果然传到了美国这两个州，市场上的肉价立即飞涨。时机成熟了，他大量售出菜牛和肉猪，净赚百万美元。

第三个故事：

19世纪美国加州发现金矿的消息使数百万人涌向那里淘金，17岁的小女孩雅木尔也加入了这个行列。一时间，加州的淘金者面临着水源奇缺的威胁。人们大多数都没有淘到金，小雅木尔也未淘到金。可细心的雅木尔却发现，远处的山上有水。她在山脚下挖开引渠、积水成塘，然后将水装进了小桶里，她不再去淘金，而转做卖水的生意，遭到不少淘金者的嘲笑。许多年过去了，大部分淘金者都空手而归，而雅木尔却赚得 6700 万美元，成了当时极为富有的人。

任何危机都蕴藏着新的机会，这是一条颠扑不破的人生真理。很多时候在大多数人看来毫无价值的信息，在会思考的人心中就是一个好机会。受苦的人会把不幸当成人生的痛苦，而积极向上的人却总是能把苦难当成人生中宝贵的财富。

给自己一个挑战自我的机会

美西战争爆发时，美国总统必须要马上与西班牙的反抗军将领加西亚取得联络。加西亚住在古巴的大山里——没有人知道他的确切位置，可美国总统必须要尽快与他的合作。

有什么办法呢？

有人对总统说："如果有人能够找到加西亚的话，那么这个人一定是罗文。"于是总统把罗文找来，交给了他一封写给加西亚将军的信。至于罗文中尉如何拿了信，用油纸袋包装好，上了封，放在胸口藏好；如何坐了四天的船到达古巴，再经过三个星期，徒步穿过了这个危机四伏的岛国，终于把那封信交给了加西亚将军，这些细节都不重要。重要的是，美国总统把一封写给加西亚将军的信交给了罗文，罗文接过信之后并没有问："他在什么地方？"像罗文中尉这样的人值得拥有一尊塑像，放在所有的大学里。太多人所需要的不仅仅是从书本上学习来的知识，也不仅仅是他人的一些教诲，而是要铸就一种精神：积极主动、全力以赴地完成任务——"把信送给加西亚"。

阿尔伯特·哈伯德所写的《致加西亚的信》一书首次面世是在1899年，随后就风靡了整个世界。不仅是因为每一个领导都喜欢罗文这样的下属，更因为每个人都从心底佩服罗文，佩服这个主动挑战任务的人。现代企业迫切需要罗文这样的人，需要具有责任心和自动自发精神的好员工！而我们的人生中也同样不可缺少罗文精神。

彼得和查理一起进入一家快餐店，当上了服务员。他俩的年龄一样，也拿着同样的薪水，可是工作时间不长彼得就得到了老板的褒奖，很快被加了薪，而查理却仍在原地踏步。面对查理和周围人的牢骚与不解，老板让他们站到一旁，看看彼得是如何完成服务工作的。在冷饮柜台前，顾客走过来要了一杯麦乳混合饮料。

彼得微笑着对顾客说："先生，你愿意在饮料中加入一个还是两个鸡蛋呢？"

顾客说："哦，一个就够了。"

这样，快餐店就多卖出了一个鸡蛋。要知道，在麦乳饮料中加一个鸡蛋通常是要额外收钱的。

看完彼得的工作后，经理说道："据我观察，我们大多数服务员是这样提问的：先生，你愿意在饮料中加一个鸡蛋吗？而这时顾客的回答通常是：哦，不，谢谢。对于一个能够在工作中主动解决问题、主动完善自身的员工，我没有理由不给他加薪。"

其实这个道理很简单：比别人多努力一些、多思考一些，就会拥有更多的机会。

对于很多人来说，每天的工作可能是一种负担、一项不得不完成的任务，他们并没有做到工作所要求的那么多、那么好。而对每一个企业和老板而言，他们需要的绝不是那种仅仅遵守纪律、循规蹈矩，却缺乏热情和责任感，不够积极主动、自动自发的人。

工作需要自动自发，而那些整天抱怨工作的人是永远都不会把信送给加西亚的，他们或者出发前就胆怯了；或者遇到苦难而中途放弃；或者弄丢了这封重要的信，害怕惩罚而逃走；或者被敌人发现，背叛了写信人。这样的人是非常狭隘的，他的人生又能有多广阔？

其实，我们每个人都可以把自己的目标当成一次把信送给加西亚的任务，这既是一次挑战自己的机会，也是一个展现自己能力的平台。

敢做就会有收获

其实，人世间的许多事情只要敢做就必定会有收获。尤其是在困境中，如果能拿出视死如归的勇气来，必能化险为夷，任何困难都将迎刃而解。

在非洲的塞伦盖蒂大草原上，每年夏天都有上百万只角马从干旱的塞伦盖蒂北上迁移到马赛马拉的湿地。

在这艰辛的长途跋涉中，格鲁美地河是唯一的水源。这条河与迁移路线相交，对于角马群来说既是生命的希望又是死亡的象征。因为角马必须要靠喝河水维持生命，但是河水还滋养着其他生命，例如灌木、大树和两岸的青草，而灌木丛还是猛兽藏身的理想场所。冒着炎炎烈日，口渴的角马群终于来到了河边。可狮子会突然从河边冲出，将落单的角马扑倒在地。受惊的角马群扬起遮天的尘土，挡住了离狮子最近的那些角马的视线，一场厮杀在所难免。

在河流缓慢的地方，又有许多鳄鱼藏在水下，静等着角马的到来。有时湍急的河水本身就是一种危险。角马群巨大的冲击力会将领头的角马挤入激流，它们不是被淹死，就是要丧生于鳄鱼之口。

这天，角马们来到一处适于饮水的河边，它们似乎对这些可怕的危险了如指掌。领头的角马慢慢地走向河岸，每头角马都犹犹豫豫地走几步，嗅一嗅，叫一声，又不约而同地退回来，进进退退像跳舞一般。它们身后的角马群闻到了水的气息，一齐向前挤来，慢慢将"头马"们向水中挤去，根本不管它们是否情愿。这群角马已经有很长时间没饮过水了，你甚至能感觉到它们的绝望，然而"舞蹈"仍然在继续着。

过了三个小时，终于有一只小角马"脱群而出"，开始饮水。为什么它敢于走入水中？是因为年幼无知，还是因为渴得受不了了？那些大角马仍然惊恐地止步不前，直到角马群将它们挤到水里，才有一些角马喝起水来。不久后，角马群将一头角马挤到了深水处，令这头角马惊慌失措，进而引发了角马群的一阵骚乱。然后，它们迅速地从河中退出，回到了迁移的路上。只有那些勇敢地站在最前面的角马才喝到了水，大部分角马或是由于害怕，或是无法挤出重围，只得继续忍受干渴。每天两次，角马群会来到河边，重复着这个"仪式"。一天下午，一小群角马站在悬崖上俯视着下面的河水，向上游走 100 米就是平地，它们从那里很容易到达河边。但是它们宁可站在悬崖上痛苦地吼叫，也不肯向着目标前进。

生活中的你是否也像角马一样？是什么让你藏在人群之中，忍受着对成功之水的渴望？是对未知的恐惧，害怕潜藏的危险，还是你安于平庸的生活而放弃了追求？大多数人只肯远远地看着别人成功，而自己却忍受着干渴的煎熬。不要让恐惧阻挡你的前进，不要等待别人推动你前进，只有勇于冒险的人才可能成功。要知道，成就和风险是成正比的。世界上很少有报酬丰厚却不要承担任何责任的便宜事，怕担风险，只会让自己和成功无缘。

苹果电脑公司是闻名世界的企业。大家只知道乔布斯是苹果公司的创办人，其实 30 年前他是与两位朋友一起创业的，其中一名叫惠恩的搭档被称为是美国最没眼光的合伙人。

惠恩和乔布斯是街坊，大家都爱玩电脑，两人与另一朋友合作，制造微型电脑并出售。这是又赚钱又好玩的生意，三个人十分投入，并且成功制造出了"苹果一号"电脑。他们在筹备的过程中花了很多钱。这三个青年来自中下阶层家庭，根本没有什么资本可言，大家四处借贷，请求朋友帮忙，惠恩只筹得1/10的资本。不过，乔布斯没有怨言，仍成立了苹果电脑公司，惠恩也成了小股东，拥有1/10的股份。

"苹果一号"以660美元出售，原本以为只能卖出一二十台，岂料大受市场欢迎，总共售出了150台，收入近10万美元，扣除成本及债项，赚了4.8万美元，惠恩只分得4800美元，但当时这已是一笔丰厚的回报了。不过，惠恩没有收这笔红利，他只是象征性地拿了500美元作为工资，甚至连那1/10的股份也不要，就急于退出了苹果电脑公司。

苹果电脑后来发展成为超级企业，如果惠恩当年就算什么也不做，单单继续持有那1/10的股权，时至今日也应该有8亿～10亿美元的身价。事实上，乔布斯的另一位搭档也是凭股份成为亿万富翁的。

为什么惠恩当年愿意放弃一切？原来他很怕乔布斯，因为对方太有野心了。后来他向传媒说："为什么我要马上离开苹果公司，要回500美元就算了？因为我怕乔布斯太过激进，日后可能会令公司负上巨额的欠债，那时我也要替公司负上1/10的责任！"转念间，惠恩与财富绝缘。

其实，人世间的许多事情只要敢做多少都会有收获。尤其是在困境中，如果能拿出视死如归的勇气来，必能化险为夷。

勇气是人生的发动机，勇气能创造奇迹，勇气能战胜一切困难。试想，如果我们事事都能拿出破釜沉舟的勇气和决心来，那么世间还有什么困难可言！

时间会洗掉你所有的悲伤

人，其实都要比想象的坚强许多。做人要有一份淡定的心境，不管遇到什么磨难都不要抱怨命运的不公，也不要从此悲观绝望、厌倦世俗。在充满苦难的生命中，没有过不去的事，只有跟自己过不去的人；在人生的四季中，没有过不去的严冬，也没有盼不来的春天。

她是一个普通的农村妇女，可她的人生却像一本厚重的书。

18 岁时，她结婚了。26 岁时，她赶上了日本军队进行的大扫荡。为了生存，她带着两个女儿和一个儿子东躲西藏。村里的很多人受不了这种暗无天日的折磨，想到了自尽，她得知后总是劝慰说："别这样啊，没有过不去的坎儿，日本军队不会永远这么猖狂。"

终于，她盼到了日本军队被赶出中国的那一天。可是她的儿子却在炮火连天的岁月中因为缺医少药病重夭折了。她的丈夫无法接受这个事实，一连在床上躺了几天。她心里也难过，却流着眼泪坚强地说："咱们的命苦啊，可再苦也得过啊！儿子没了，咱们再生一个，人生没有过不去的坎儿。"

过了两年，她又生了个儿子。可儿子刚出生不久，她的丈夫却因病去世了。这对她来说，真的是一个巨大的精神打击。她很长时间都没缓过劲儿来，可她最后还是挺过来了，她把三个未成年的孩子揽到自己怀里，说："别怕，娘还在呢。有娘在，就谁也不敢欺负你们。"

她一个人拉扯着三个孩子，含辛茹苦，终于看到了他们长大成人。两个女儿嫁人了，儿子也娶了媳妇，她逢人就乐呵呵地说："我说吧，人生没有过不去的坎儿，现在的生活多好呀！"

天意弄人，这个女人并没有得到上苍的眷顾。她在照看孙女的时候不小心摔断了腿，因为年纪大了，做手术的风险太大，就一直没有做手术，而她只能一直躺在床上。

儿女们都哭了，她却说："哭什么，我还活着呢。"

行动不便的她没有一丝抱怨，她坐在炕上，戴着一副老花镜，安安静静地织围巾、绣花、做点手工艺品。邻居们来串门，都说她的手艺好，还纷纷要跟她"拜师学艺"。

就这样，她一直活到了 87 岁。临终前，她只对儿女们说了一句话："我走了，你们要好好活下去，人生没有过不去的坎儿。"

面对敌人的残害，她不屈服；面对生活的艰辛，她不低头；面对亲人的离去，她不绝望。她只是一个柔弱的农村女人，可她却有着一颗淡定而强大的内心，她始终相信：世上没有过不去的坎儿。她用自己瘦弱的双肩扛着巨大的痛苦与不幸，带着孩子们一步一步地走了过来。

人生的低谷不可怕，可怕的是我们沉溺其中，不知道如何自拔。所以，当生命的浪潮涌来时，不要手足无措，不要以泪洗面，要让自己淡定下来，因为怨叹、悲泣、痛苦都救不了你，它们只会加深你的怨叹、悲泣、痛苦，让你坠落得更深、更惨！生命中真正的幸福来得绝不会一帆风顺，当你咬紧牙、忍着悲痛挺过去时就会惊喜地发现：时间会洗刷掉你所有的悲伤。

22 岁那年，她大学毕业。就在她接到一家大公司的录用通知那天，父亲却突然因为意外而撒手人寰。她悲痛欲绝，三天不吃不喝，仿佛生活失去了所有的希望。她的世界变成了灰色，原本俊俏的脸上也写满了痛苦和憔悴，见者心碎。那时的她绝不会想到，微笑与幸福还能与她结缘。可是，一年后的她幸福地恋爱了，三年后的她成了一个孩子最依恋的妈妈。她的生活，又变得灿烂多姿。

生命中亲近的人离开了，这诚然是难以承受的打击，可每个人的人生都会经历或这样或那样的痛苦，不幸不尽相同，心情却都相似。你可以给自己一段时间，尽情发泄心中的痛苦，但是过了这段日子之后就要慢慢平复自己的情绪。如果暂时做不到忘记，那么请把这一切交给时间，它会帮你抚平创伤。你不要频频回顾，而是要相信痛苦不是永恒的，它终有一天会过去，而快乐也终会重新找到你。

人生来就一无所有，离世的时候仍旧一无所有，来人世间走上一遭，重要的是经历。虽然有些回忆让我们觉得痛苦，但看看眼前，一切都已过去。时间能够改变一切，自然也能治愈一切。即便是留疤，也不会感到痛。人生也有四季变换，时间一刻不停地在走，所以要相信，即便寒冬降临，也不会有盼不来的春天。

困难是为了让人变得更强大

没有人会喜欢困难，但既然困难已经横在人生之路上，就有它存在的价值。在人生之路上，它的存在价值是给我们历练、让我们跨越，通过它不断成长。对于我们个人而言，它存在的价值就是被克服。

有些人误解了困难的意义，在苦难的阴影下失去了自己、失去了对未来的希望、失去了对生活的信心，浑浑噩噩地度过了每一天。但也有些人深知困难是成长的阶梯，所以在经历了苦难的锤炼之后变得更加坚强果敢，更加无法被打倒和击败，在人生的道路上走得更加从容和自信。

困难是我们最好的大学。对于年轻人来说，吃苦是成功必须要经历的。在大环境不景气的情况下，每个人都应当有意识地培养自己的抗压能力和好心态，不要盲目夸大自己目前的窘境，尤其不能被想象中的困难所吓倒。

美国作家斯蒂芬斯说过："每场悲剧都会在平凡的人中造就出英雄来。"纵观历史，确实有许多英雄人物都经历过不幸。比如《史记》的作者司马迁曾经被处以宫刑；《红楼梦》的作者曹雪芹家道中落，曾饱尝数十年食不果腹的贫寒日子；《命运交响曲》的作者贝多芬正值大好年华竟两耳失聪。

真正坚毅的灵魂绝不会因为遭遇困难而沉溺于悲观中。没人喜欢生命中晦暗的那一段，但晦暗的日子终究会过去。时间不是静止的，一切都会动起来，没有不散的阳光，更没有过不去的坎儿。

有些英雄在悲剧发生之前也曾是这个世界中的无名小卒，悲剧却成就了他们，让他们的声名和光辉在其生命消逝百年之后依然被人们所铭记。

这样的英雄，并不在少数。

米切尔本是一个身体健壮的青年，但是悲剧在这一天突然降临。心情愉悦的他正骑着摩托车飞快地奔驰在一条笔直的公路上时，车祸发生了。

车行至一半，当他习惯性地扭头看后方是否有车开过来时，没想到行驶在前面的大卡车突然刹车。电光火石间，米切尔为了保住性命，闪电般地将摩托车的把手压低，让车身侧倒滑入卡车底下。没想到，就在这个危急时刻，摩托车的油箱盖突然崩开。悲剧不可抑制地发生了，油箱里的汽油溅洒出来，被摩托车和马路摩擦出的火花所引燃。

当米切尔恢复意识时，全身70%面积都已烧伤的他已经在医院的病床上躺了好几天。伤口让他痛得不能动弹，甚至连呼吸都极为困难。但是，米切尔并没有因为疼痛而放弃求生的意志，他不断地告诉自己："无论如何，我一定要活下去。"

有很长一段时间，米切尔都生活在疼痛中，后来，他终于靠着坚强的意志力挺了过来，并且重新开始了人生与事业。可惜，命运又一次捉弄了他，因为一次飞机失事，米切尔的下半身从此瘫痪了。

在接二连三的不幸打击之下，米切尔委屈得想大哭，但更多的时候却是斗志昂扬的。就是在激昂的斗志下，身有残疾的他在当时成了美国最活跃的成功人士之一，1986 年，他还当上了科罗拉多州的副州长，并且多次进行巡回演讲。在某次演讲中，他说："因为这些不幸的经历，让我真正体验到了生命的成功与喜悦。"

对于苦难，大多数人首先想到的不是如何战胜它，而是感到害怕和恐惧。即便本身不算是太困难的事，也能被人想象成巨大的难以战胜的困难，从而产生恐惧心理，最终被想象中的困难所吓倒。

人们总会不由自主地害怕黑暗，但是仔细想想，黑夜总会过去，更何况，有时想象出的各种可怕的事情其实多数不会发生，只是自己的想象而已。黑暗并没有什么可怕的，只要打开室内的灯，我们就能驱除内心的怀疑。其实，很多时候我们都是在自己吓唬自己。我们并不是被困难所击倒，而是被自己的糟糕心态打败了。

自然界中到处都充满着磨难，物竞天择、优胜劣汰的规律是残酷而无情的。人类社会同样到处遍布着痛苦，新与旧、生与死、野蛮与文明无时无刻不在激烈地对抗、搏斗。我们从降生的第一天起，就不可避免地与各种困难作斗争。

年轻人会在生命的起步阶段遭遇诸多不顺，但每个人都是在困难中成长进步的。困难给予我们的是勇气和财富。被人们称为"苦难大师"的美国总统林肯，几乎是在困难中泡大的，他先后经历了年少丧母、中年丧妻、老年丧子的重大打击，人生的道路上更是磨难重重，但他仍然坚韧不拔。

强者为我们做出了很好的表率，我们为何不能把苦难当成一所大学呢？对于怕苦者来说，艰难困苦是一个大大的包袱；对吃苦者来说，却能从中找到知识与财富。当我们最终能够战胜苦难时，也就能从这所大学毕业了，获得了在社会中生存的资本。

人生没有过不去的坎儿。这个世界好像从来都不缺少困难，凡是有人的地方就必定有痛苦的存在。生离死别、恩怨情仇、失败成功等时时刻刻犹如蛛网般交织在我们心头。

"天将降大任于斯人也，必先苦其心志，劳其筋骨，饿其体肤，空乏其身，行拂乱其所为，所以动心忍性，增益其所不能。"当上天要将一件重大的任务交给一个人时，定要先让他经历种种考验，以此磨炼其心性，让他增添原本没有的能力。困难是为了让人变得更强大，如果我们能像顺遂时一样，能从生活的每一次坎坷中汲取前进的力量，那么我们就能够获得更加坚强的力量，开创出一个崭新的人生。

第二章
心理素质过硬，
才能熬过最艰难的岁月

懂得冷静是一种修养，但凡心智健全的人都具备这样的品质。古今中外，很多学者、艺术家、新学派的领军人物在年轻时都有过被讥讽、被欺凌的经历，并且承受过各种常人难以想象的压力，可是最终他们都熬过了最艰难的岁月，成长为一代大家。可见，唯有心理素质过硬，方能有所造就。

不能沉着不仅体现在情绪和行为上，还体现在心理活动上。而想要改变自己的情绪体验、纠正不恰当的行为，就必须从心理源头出发，对症下药，有的放矢地纠正自己的行为偏差。

不沉着是因为修养不够

　　有时候，不能沉着是因为修养不够。内心旷达的人可以做到不以物喜、不以己悲，而心胸狭隘、浅薄轻浮的人得意时飞扬跋扈，失意时愤世嫉俗；有雅量有涵养的人从不跟人斗气，而性情毛躁、行为鲁莽的人常常因为无关紧要的小事而卷入到各种各样的争斗中；有教养有气度的人受了委屈仍能以礼貌的方式回敬别人的无理挑衅，使对方自取其辱，而没教养的人则会以牙还牙、以眼还眼，做出更出格的事情来。

　　懂得冷静是一种修养，但凡心智健全的人都具备这样的品质。古今中外，很多学者、艺术家、新学派的领军人物在年轻时都有过被讥讽、被欺凌的经历，并且承受过各种常人难以想象的压力，可是最终他们都熬过最艰难的时光而成为一代大家。可见，唯有心理素质过硬，方能有所造就。

　　很多时候，左右一个人成败的关键因素不是实力和才华，而是心理素质和修养。有着超强心理素质、修养良好的人，通常能够无往而不胜。而心理素养不过关的人，头脑不能冷静，遇事不能沉着，做事莽撞冲动，容易跟外界发生冲突，与环境水火不容，普遍成不了大器。

　　高辉是一名刚入职不久的业务员，有一天他来到一栋办公大楼推销，向一家公司的秘书递上自己的名片，要求面见该公司董事长。秘书将名片递交给了百忙之中的董事长，董事长连看都没看一眼就把名片丢了回去。秘书只好把名片原封不动地退还给了在门口站立良久的高辉。

换作其他业务员，遇到这种情况马上就会转身离去，高辉却并没有那样做。他再次把名片递交给了秘书，对对方说："这次董事长没时间见我，不要紧，我下次还会来登门拜访，什么时候董事长能从百忙之中抽出时间，我们什么时候再面谈，这张名片还请董事长留下。"秘书好心奉劝道："你还是不要再浪费时间了，我们董事长是个说一不二的人，他说不想见你，就不会见你。你还是到别家公司看看吧。"

高辉说："还望你把名片交给董事长，什么时候他改变主意了，可以随时联系我。假如董事长确实不想见我，也不要紧，留张名片也不会耽误什么事。""好吧。"秘书见高辉这样坚持，不好意思回绝，接过名片，硬着头皮再次走进了董事长的办公室。董事长头也不抬地翻看着文件，当秘书再次递上名片的时候，他忍不住发了一通火，当即动手把名片撕成了两半，秘书愣住了，一动不动地站在原地，不知该如何是好。董事长还是不解气，为了进一步羞辱那个难缠的业务员，他从兜里掏出了十块钱，对秘书说："拿这钱给他买一张新名片，算是赔偿给他的损失，让他别再上门了。"

秘书依照吩咐把钱和名片递给了高辉，一脸抱歉地说："真不好意思，董事长很忙，恰巧今天心情又不好，请你不要放在心上。"高辉似乎一点儿也不介意："请你转告董事长，名片五块钱一张，十块钱能买两张，我还欠他一张。"说完，他又掏出一张名片，递给了秘书。秘书把新的名片递到了董事长面前，将高辉的话一字不漏地传达给了董事长。董事长听罢，忍不住笑了起来："这个业务员还挺有意思的，面对羞辱居然懂得冷静，可见他确实不简单。把他叫来吧，我想好好跟他谈谈。"

秘书客气地把高辉请了进来。董事长见到高辉以后，又产生了新的想法，打算给对方一个下马威，想进一步考验一下他，如果他通过了测试，就跟他谈生意签合约，于是便沉下脸来语气生硬地说："我的时间是很宝贵的，有什么话赶快说，限你两分钟之内把话说完，说完了就赶紧离开，别耽误我的工作。"说罢，他吩咐秘书盯着表倒计时。

两分钟的时间根本就不可能把业务谈成，高辉听了这样的答复马上变得不再沉着："你没有诚意跟我谈话，为什么要把我叫进来呢？只有你的时间宝贵，我的时间难道就不珍贵吗？""谈话到此结束。"董事长很失望，他万万没想到这个年轻人会那么快变脸，忍不住长叹了一口气，随后挥挥手，让秘书将其赶走了。

不能沉着，易被激怒，往往会使有利的局势发生惊天逆转，导致率先出局。然而，每个人都有脾气，每个人都有正常的喜怒哀乐，真正要做到懂得冷静又谈何容易呢？在被冒犯的时候，多数人都会失去理智，表现得极为过激，有的人甚至会把之前所接受的教育和基本的家庭教养完全抛之脑后，只想痛痛快快地出口恶气，这就是修养不够所致。真正有涵养的人知道该怎样与别人化干戈为玉帛，避免陷入冤冤相报的恶性循环，这样的人通常能以德服人，赢得更多的尊重。

我们平时应当注重修身养性，让自己的内心世界强大起来，把自己塑造成百毒不侵的人，这样一来就不会惧怕外面的风雨，不会害怕命运的嘲弄，不会再被世间的是是非非、纷纷扰扰所纠缠，既得自在又得自由，就能够平和地享受人生了。

不够沉稳的表现是太自私

有时候，人不能沉着，表现得急躁，是因为太过相信个人主义。在个人利益最大化目标的驱使下，整天盘算着怎样以最小的投入获得最大的产出、怎样用最低的时间成本获得最大的效益。没有耐心去等待，内心无比躁动，哪怕多等一刻钟都会心急如焚，当他意识到达成人生目标花费的时间成本、投入的心血比事先预期的要多很多时，马上便会心烦意乱、失去理智，一路横冲直撞，留下凌乱的印记。结果所有的努力都化成了泡影。

如今很多人都陷入到个人主义的泥沼中，全都想表现自己、证明自己，在最短的时间内实现个人价值，不是期望着获得更大的权力，就是希望晋升到更高的位置上、攫取更多的财富，而从不考虑现实因素，也不考虑自身的能力和欲望是否相匹配，心态越来越浮躁，做事越来越不认真，这样的人无论投身于哪个行业都不可能真正做出一番成就。

骨子里自私的人，缺乏基本的人文情怀，没有更高的追求，只想着快速捞金，把赚"快钱"和"热钱"当成唯一的目标，为了完成原始资本的积累无所不用其极，很少考虑自己的行为是否正当、是否侵害了他人的合法利益，采取的手段是否符合道德规范，心中没有任何信仰，只有成王败寇的世俗法则，在扭曲的价值观的导向下做出一系列令人不齿的事情，结果不是倒在舆论的风口浪尖上，就是倒在自己挖好的陷阱里，自取其辱，自取其祸，最终落得个身败名裂的可悲下场。

周莉是某知名跨国公司的主管，有着一份十分令人羡慕的工作，拿着令人咋舌的丰厚薪水，开着私家轿车，在人前非常风光。然而她并不知足，一直觊觎着总经理的宝座，谋划着把自己的薪资提升到六位数。苦熬了两年，她终于等来了一个机会。总经理因为做出错误的决策，使公司蒙受了重大损失，马上就要引咎辞职了。

周莉心想，在分公司里她资格最老，在销售部、市场部、企划部、行政部都干过，对公司运营的各个环节都十分熟悉，除了她之外，没有人有资格顶替总经理的位置。这个职位对她来说，就像即将到嘴的肥肉一样，她不相信自己会吃不到。她设想得非常美好，可事态却并没有向她预想的方向发展。公司总部并没有批准总经理的辞呈，老板说企业现在正是用人之际，可以包容管理者的某些过失，希望总经理能够将功补过，把损失的资金赚回来。接着又宣布了一个惊人的消息，说分公司近期要合并，人员结构会做出重大调整。部分中层管理者可能会被调到比较偏远的市区，希望大家提前做好准备。

周莉听到这个消息，心凉了半截，她想总经理的位置没戏了，说不定还会被调到鸟不拉屎的地方去，福利待遇都得削减，世上还有比这更糟糕的事情吗？她绝不能让这样的事情发生，一定要不择手段抢到总经理的位置，于是便动起了歪脑筋。恰巧公司最近在研发一种新款饮品，该项目由总经理全权负责，她想，假如总经理把这个项目搞砸了，必然会受到处分，即使不被辞退也会被降职，到时候自己不就有上位的机会了吗？在研发项目接近尾声的时候，周莉买通了研发部的内部人员，悄悄地在新推出的饮品里添加了佐料。

由于宣传工作做得到位，新款饮料打入市场以后受到了消费者的热捧。老板十分高兴，高调地表扬了总经理。可是没过多久，公司就摊上了官司。有数名消费者声称在饮用完该款饮料后肠胃系统出现了严重的不良反应，若不是就医及时后果将不堪设想，事后他们强烈要求公司支付巨额赔偿金。公司还没来得及做公关工作，又出现了大批消费者集体中毒的恶性事件，事情经媒体曝光以后，影响迅速扩大，公司的名誉受到了严重损害。

老板慌了，一边派人做紧急公关工作，一边命人快速彻查此事，总经理作为项目的负责人被扣发了整整半年薪水。周莉对这个处理结果非常不满意，她没想到自己竟白忙了一场，更没想到的是她的这种卑劣做法正好应验了"偷鸡不成蚀把米"的俗语，调查工作很快就有了结果，所有的证据都指向了她。

面对老板的指责，周莉痛哭流涕，她声称自己是因为一时糊涂才犯下了大错，希望老板能原谅她，给她一次改过自新的机会。老板说："你不能为了追求个人的成功就不择手段，你不仅让总经理平白无故地受了冤枉，还使公司名誉受损。更恶劣的是，你伤害了消费者，让那么多无辜的人因为你的贪心而付出了健康的代价。"周莉百口莫辩，灰溜溜地离开了公司。被公安机关拘留了一段时间以后，她陷入了身败名裂的境地，之后再也没有找到工作，只好常年靠摆地摊维生。

自私是万恶之源，贪婪、狡诈、虚伪、钻营等一切恶劣的品质都与自私有关，人世间的大多数悲剧和闹剧也都与自私密切相关，一个人的身心如果被自私的毒瘤占据了，就会变得利欲熏心，把损人利己的行为当成一种常规手段，接连做出可怕的事情来。虽然我们不是清心寡欲的圣人，但在诱惑面前一定要保持冷静，绝不能为了一己私利而做出有违道义有悖公德的丑事，那样会害人害己，付出超乎想象的高昂代价。

放下没必要的自尊，活得更有尊严

年轻人在赤手空拳打拼的时候，除了自尊外一无所有。由于没有实力和资历作为依托，最后连起码的自尊都无法维系，也许这就是许多"菜鸟"不能沉着的根本原因吧。人天生就是集情感与理智于一身的矛盾体，当自尊心受到伤害的时候，没有人能做到完全理智，这是人之常情。被啐了一脸唾沫，能微笑着擦去的人，一定不是泛泛之辈，他们要么是智者，要么是伟人。作为渺小的普通人，我们坚信自身的人格尊严神圣不可侵犯，故而在自尊受到侵犯时首先想到的就是自卫和反击。

人自从有了自我意识，每时每刻都在拼命实现自我价值。谁都希望自身的价值被肯定，自尊得到充分满足，可是当你置身于广阔的社会中时，希望常常会落空。别人没有义务在你能力不强的时候肯定你，也没有义务在你孱弱不堪的时候给予你赞美和期许。俞敏洪说过，你要长成参天大树才能赢得别人的尊重。人们踩踏了小草，绝不会回过身来对脚下的小草说对不起。这就是赤裸裸的现实。在世人眼里，你的价值和你创造的价值是等量的，你能为企业为社会创造多大的价值，就能赢得多大的尊重。当你一文不值的时候，你的自尊也毫无价值。

在还没有攒足实力之前，你必须得沉稳下来，甘于放下可怜的自尊，然后暗暗积蓄力量，以图后起。而如果不能沉着冷静，你失去的将不仅仅是自尊，还有美好的明天，到时你拼命维系的自尊也会因为经受不住现实的捶打而解体。今天放下自尊，是为了明天能够活得更有尊严，如果连这么简单的道理你都看不破，以后还会有什么出息呢？

杨锐实习期间进入某个品牌的策划组参与了一个奢侈品展。在展会上，每个高端品牌的展位两旁都安排了 6 名衣装整齐的引导人员。他们主要负责招揽客人，吸引更多的人关注相关品牌、安排预约活动等。展位的客流量越大、人气越旺，旁边的引导员得到的报酬也就越丰厚。

所有的引导员脸上都挂着笑容，个个殷勤地招呼顾客，只有杨锐例外。他面无表情地站在那里，一句话也不说，心里还在想着早晨被组长批评的事。当天早上，因为赶时间，他没来得及吃早餐，把早点带到了展会上。组长见了，非常不悦，语气不善地挖苦道："你以为这里是你们学校的食堂啊。"

杨锐从来没有被人这样讥讽过，自尊心受到了极大伤害，他当场就顶撞了组长几句，并大言不惭地把自己比喻成被埋没的千里马，把组长比喻成不识货的马夫，还流利地背诵了一段韩愈的《马说》："故虽有名马，祇辱于奴隶人之手，骈死于槽枥之间，不以千里称也。""是马也，虽有千里之能，食不饱，力不足，才美不外见。"组长没有和他一般见识，叹了口气说："好吧，你争取在展会开始之前把东西吃完，别让客户看见，免得吃相不雅，影响品牌形象。吃饱之后好好干活儿，让我看看你是不是真有千里马的才能。"

事情过去了，杨锐心里仍然很不是滋味，以前他从来没挨过骂，更不要说被人夹枪带棒地挖苦了，所以在展会上他一直都闷闷不乐，几乎把所有的客户都当成了空气，对谁都爱答不理的。组长见了，马上走过去说："千里马，打起精神来，保持微笑。"杨锐点点头，勉强挤出了一丝笑容。而组长一走，他又摆出了冷冰冰的架势。组长来来回回地到展位巡视，发现杨锐状态不对，劝了很多次都无济于事。每次被提醒，杨锐都会象征性地装装样子，而坚持不到十分钟又露出原形了。组长忍无可忍，给他下了最后通牒：要么好好干，要么马上走人。杨锐赌气说："走就走，有什么了不起的。"说完一扭头就离开了。

事后，同事们在聚餐聊天时提起了杨锐，有人说他好像是某个名牌大学毕业的，众人不相信，认为毕业于名牌大学的高才生不可能素质那么差。组长说杨锐确实是个高才生，并把简历拿给大家看。众人面面相觑，依旧不敢相信，一度怀疑这份简历是伪造的。组长说："人家是天之骄子，脸皮薄，自尊心强，心高气傲，听不得一点不中听的话。"众人听完，"哦"了一声，连连叹息，并不是为公司痛失人才而惋惜，而是在慨叹现在的人才为什么心理承受能力那么差、那么容易伤自尊，为了一点小事就把大好的前途给放弃了。

这个世界不相信眼泪，也没有人在乎你的自尊，先干出业绩做出成就，再强调你的心理感受吧。处在人生的起步期，一定要沉稳下来，千万别像玻璃人那样脆弱。被人伤了自尊不要紧，应想办法重新把自尊赢回来。谁都有过彷徨迷惘的时期，谁都有过被现实灼伤的时刻，冷静下来仔细想想，其实一切都没有什么大不了，只要你足够努力，便终有一雪前耻的机会。被伤自尊未必是一件坏事，这样的负面经历有可能成为鞭策你奋进的力量，将你推向成功的宝座。

跟自己比较，欣赏自己的点滴进步

　　年轻人心浮气躁，是因为对自身的处境极为失望。看到当年与自己旗鼓相当的人如今都小有成就，纷纷成了老板、金领、技术精英，反观一下自己，还是一个一文不名的小职员，每天穷忙瞎忙，心里当然会感到不平衡。看到同学收入可观，房子、车子、票子一样不少，日子越过越滋润，自己却两手空空、一无所有，必然会觉得活得很失败。在无休止的对比和攀比中，越来越失望，整天想着怎样缩小与别人的差距，于是变得越来越敏感、越来越急功近利。这是很多人的通病。

　　奋斗了那么久，仍然没有出成果。你可能不再相信窖藏越久的美酒越醇香，只想马上喝到最美的佳酿。你患得患失，怕别人看低了自己，怕自己要一辈子抬着脸仰视别人。你没有做过引以为傲的事，也没有骄傲的资本，除了失望之外什么都没有。你不明白人和人的差距为什么这样大，不明白自己何以屈居人下。看着别人经常旅游观光，喝着红酒品着咖啡，衣着华丽地出席各大宴会，而自己却灰头土脸地疲于奔命，买完了面包之后就只剩下一点点存粮，不知这样的日子还要持续多久，何时才是尽头。

　　你嫉妒，你失望，并把这种情绪带到了工作中，于是开始抱怨老板不能慧眼识才，抱怨公司不曾给过你更大的平台和更好的发展机遇，抱怨上司不肯提拔自己，抱怨自己没有找到更好的梧桐枝。你的内心失去了平衡，经常会被一点小事搅得心绪不宁，稍有一点不如意就摆出"是可忍孰不可忍"的架势，忍不住要把局面搅得天翻地覆，可这真的好吗？

费诚每次和朋友小聚都要大吐苦水："老板对我有偏见，经常对我的工作鸡蛋里挑骨头，不是嫌我字打得太快，就是说我文案写得差。总之，在他眼里，我什么事都做得不好，恨不能马上给我颁发个'最差员工奖'。"朋友说："你字打得飞快，他应该夸你才是，为什么要挑剔你呢？"费诚说："老板说，公司招的是文案，不是打字员，我每天只顾匆匆忙忙打字，根本不清楚自己都写了些什么，写出的文案简直就是小学一年级的水平。"

"这话说得可真够刻薄的，这说明老板对你的工作不认可。你觉得老板的话对不对？"朋友又问。费诚不服气地说："我觉得我的文案已经写得足够好了，虽然文笔算不上一流，但创意十足，连客户都夸我有想法。老板看不到我的价值，问题在他，不在我。""那你就努力提升一下自己的措辞水平呗，让自己既有绝佳的文笔，又有极好的创意，看老板还有什么话说。"朋友鼓励道。

费城觉得朋友的话有些道理，于是回去之后开始埋头苦干，花了大量时间研究措辞，终于有了一点进步。年底，在员工大会上，他受到了老板的表扬。可是再次和朋友相聚的时候，他依旧苦着脸。朋友不解地问："受了表扬，为什么还不高兴？""口头表扬有什么价值啊，就相当于得了一个安慰奖。我的同学，论文笔还不如我呢，可现在收入却是我的好几倍，房子买了，太太娶了，还生了一对可爱的双胞胎，上个月全家人刚从法国旅游回来，个个满面春风。我呢，工资只涨了几百块而已，连首付都付不起，女朋友天天吵着要跟我分手，真是烦死了。我现在就是一个地地道道的失败者，上次同学聚会被同窗好一顿嘲笑，心里别提有多上火了。"费诚絮絮叨叨地抱怨了一通。

"你不是想要跳槽吧？"朋友试探性地问道。"我已经跳了无数次了，现在摔得鼻青脸肿，实在是跳不动了，想暂时停下来歇歇。我真不明白，人和人之间的差距为什么就那样大呢？别人能找到让自己光芒四射的舞台，我却连一个像样的平台都没有，还要天天受气，真是太不公平了。"费诚感慨完了，又戏谑地补充上一句，"我都快变成'怨妇'了，没办法，谁让咱活着压力山大呢。"

有一天，费诚心烦，在休息时间抽起了闷烟。老板见了，马上阻止说："办公室是无烟区，赶快把烟掐灭。"费诚不听，继续吞云吐雾："我需要抽烟提提神，加班加了三个小时，抽口烟都不行吗？"老板说："在公司里加班的不止你一人，还有其他员工，你难道想要同事们一起吸二手烟？""不是我让他们吸二手烟，是你让他们吸二手烟。你如果不让大家加班，那我现在正待在家里吸烟，同事们可能正坐在电视机前看肥皂剧呢。现在这种局面是你造成的，怎么能怪我呢？"费诚不以为然地说。"让你们加班是因为你们效率不高，客户都催了好几次了，你们要是能早点把方案赶出来，今天还用集体加班吗？自己不知道反思，就知道抱怨。"老板又说。

费诚不服气，和老板吵了起来。最后老板极为不耐烦地说："你以后不用加班了，从明天开始不要再来公司上班了。"听了这句话，费诚傻眼了。以前他屡次跟老板斗嘴，都不曾蒙受什么损失，而现在却直接被扫地出门了。这份工作虽然不甚理想，但好歹也能糊口，丢掉了这份差事，他真不知道该怎么办。

　　失望是石子，常能在不经意间激起内心的阵阵波澜。如果你对自己感到失望，就会对所在的环境深为失望，对周遭的人和事感到失望，忍耐性就会无限降低，会变得越发不能冷静，与他人产生纷争的概率就会不断提高。想要调整好心态，途径只有一条，那就是放弃与别人的横向比较，只跟自己比较，欣赏自己的点滴进步，一步一个脚印地走向更加美好的明天。

患得患失会导致得不偿失

人普遍存在瞻前顾后、患得患失的心理，这在心理学上被称之为"瓦伦达心态"。瓦伦达心态是以著名特技表演者瓦伦达命名的，他最擅长的是在几十米的高空如履平地般走钢索，其场面险象环生、精彩刺激，既考验人的胆量，又考验人的心理素质，稍有不慎就会送命。瓦伦达凭借着扎实的功底和冷静超然的态度创下了一个又一个纪录，赢得了无数赞誉，却在最关键的一场表演中发生了意外，失足从高处坠落，不幸身亡。

事后他的妻子说，她已经预感到瓦伦达这次要出事，因为他上场前非常紧张，不停地强调这次表演太重要了，绝不能失败，正是这种患得患失的心态分散了他的注意力，导致了意外的发生。

美国斯坦福大学研究表明，瓦伦达心态是经得起科学论证的。在患得患失的情况下，人大脑里恐惧的场景或图像会刺激神经系统，促使你害怕的事情发生。也就是说，假如你没有平和的心态，过于患得患失、害怕失败，就会更快地导致失败。比如一个高尔夫球手担心把球打进水里，在击球的时候惴惴不安，那么球就会掉进水里。再比如你太在意自己的仕途、太看重人生的得失，把地位、名利看得过于重要，头脑里装满了杂念，担心失去到手的利益，无法面对失败，背着很多包袱做事，那么就无法做到心无旁骛，结果往往会失败得更快。

贺云毕业以后一直都患得患失，她很怕自己找不到足够体面的工作，对不起硕士的头衔，担心被同学嘲笑，更怕将来所赚的工资无法满足自己的日常消费需要。每次面试她都小心翼翼地回答问题，讲话一板一眼，表情十分拘谨，显得非常不自信，因此错失了很多机会。有一天，她把自己的烦恼告诉了好友杜宇，杜宇没有跟她讲任何大道理，也没有说任何鼓励的话，只是不动声色地讲述了自己的真实经历。

一次，杜宇到一家合资企业求职，面试官看了看他的简历，认为他的专业能力不强，不足以胜任所应聘的职务，于是便回绝了他，把简历退了回来。他接过简历，表情有点尴尬，在即将离开的时候，他用试探性的口吻对面试官说："能给我留一张名片吗?"面试官见惯了那些软磨硬泡喜欢死缠烂打的求职者，对他们殷勤示好的手法一点也不感冒，所以并没有表态，只是冷冰冰地盯着他。虽然面试官态度冷淡，但杜宇仍然热情不减："我虽然进不了贵公司，不能成为这里的员工，但我想，也许我们仍然能够成为朋友。"

"你是这么想的?"面试官狐疑地问。"朋友在相识相知之前都是陌生人，如果投缘，陌生人都可以成为朋友。假如你哪天打网球找不到搭档，随时可以找我，我很乐意陪你打球。"杜宇说。面试官的朋友平时都很忙，他想打球的时候确实总是找不到搭档，沉吟了片刻之后，他掏出了名片。此后，两人经常在一块打球，成了无话不谈的好朋友。在这位面试官的推荐下，杜宇很快便找到了工作。

有一天面试官问杜宇："我真不明白当初你是怎么想的。你只是一个求职者，凭什么要求成为我的球友，你不觉得自己的要求很过分吗?"杜宇说："不凭什么，我只是想跟你交个朋友而已，人与人之间是平等的，为什么我们就不能成为朋友呢? 身份、地位、财富、家世对我来说没有任何意义。我不会用它们来衡量自己和别人。"面试官笑了："你真是太天真了，假如当初我对你不理不睬或者说一些难听的话，你怎么收拾局面，怎么下台？"

"失败并不可怕，可怕的是遭受挫败后那种丢脸尴尬的感觉。很多人患得患失，就是因为怕丢脸或者是害怕失去自己认为重要的某些东西。其实，只要抛开这些私心杂念，专注于自己想干的事情，失败的概率就会降低很多。害怕失败，害怕失去，心理负担太重，往往会更快地走向失败。"

杜宇讲完了自己的故事，意味深长地对贺云说："不要把追求的东西看得太重了，把心态放开，什么都别想，怀揣着一颗平常心做事，努力发挥自己的最高水平，剩下的交给老天好了。"贺云豁然开朗，以后参加面试的时候不再胡思乱想，无论遇到什么场面都能安之若素，在面试官面前目光坦然、对答如流，赢得了对方的好感和赞许，没过多久，就被一家实力雄厚的大公司录取了。

人之所以心态不能平和，就是因为没有成功战胜自己的心魔，害怕失去机遇，害怕自己的利益受损，害怕失败，害怕不能出人头地。考虑得太多了，大脑的能量被耗尽了，就没有心力应付眼下的各种挑战了。那么，究竟该怎样战胜心魔呢？乔布斯给出了答案，他说秘诀就在于专注和简单。他认为，生命随时都有可能戛然而止，名誉、雄心、期望以及对失败的深深恐惧，都会随着生命的消逝而灰飞烟灭，所以不必患得患失，不必伤感失落，要像新生儿一样怀揣着赤子之心，用好奇的眼光打量这个世界，不妄自揣测，不武断、不贪婪、不强求，专心致志地做事，这样就能做成了不起的事情。

的确，如果我们思想足够纯粹简单，不被功利所裹挟，不以成败论英雄，不计较拥有和失去，不苛求一个百分之百圆满的结局，能够做到得之坦然、失之淡然，反而能够挥洒自如，得到更多的惊喜和回报。

正确看待世界的不公平

世界是公平的还是不公平的？关于这个话题一向都是仁者见仁、智者见智。乐观者认为世界是相对公平的，只要自己肯付出肯努力就能改变命运、改变人生。但鲤鱼跳龙门的奇迹不常有，更多的人发现，由于不公平不合理的现象广泛存在，努力未必会有收获，心中不免愤然，这就是人们在日常生活中总是不能沉着的重要原因之一。愤慨于生活的不公，却又无能为力、无可奈何，内心积怨太深，身上聚集了太多的负能量，找不到排遣和发泄的途径，故而要么张扬要么癫狂，变得冲动易怒，以讨债者的心态来对待每一个人。而脾气火暴、缺乏宽容心、愤世嫉俗的人越多，人与人之间的摩擦也会越来越多。

客观来说，世界就是不公平的。比尔·盖茨曾经说过："这个世界本身就是不公平的，习惯去接受它吧。"接受世界不公这一基本事实，努力打破生命的枷锁，才是改变生存质量的根本之道。可是在现实生活中，人们更加热衷于抱怨，而不是着手去解决问题。

有的人感叹人和人之间的起点差距太大，某些生而优越的人，刚刚起步脚下就展现出一条金光大道，而自己苦苦打拼了十多年仍不能和对方平等地坐在一起喝咖啡；有的人认为资源在空间上的分配是不公的，优势资源永远聚集在发达地区，在马太效应的影响下，发达地区会越来越富庶发达，而落后地区无论怎么奋起直追都不可能迎头赶上。

人类自身并不完美，社会就是由我们这些不完美的人所组成的，绝对公平的秩序是很难建立起来的。有人的地方就有江湖，就有不公平的现象。这些现象很难从根本上消除，我们没有必要过于纠结和愤慨，而要努力在不公平的环境下努力发展自己，等真正强大起来以后，争取多多传播正能量，为实现社会的公平和正义尽一份绵薄之力。而如果我们没有能力打破命运的枷锁，也要静下心来，不能过于愤世嫉俗，正所谓"穷则独善其身，达则兼济天下"，开开心心地做一个普通人，学会善待自己、善待别人，这样做要比与世界为敌、与他人为敌明智得多。如果你不能克服消极情绪，整日怨天尤人，对周围的人充满了敌意，那么不仅不利于改变自身的处境，还会使自己的境况越来越糟糕。

阎平是一个愤世嫉俗的青年，从表面上看他对领导非常顺从服从，而内心却充满了怨恨。他对同事的态度一向是冷冰冰的，整天拉着一张长脸，仿佛所有的人都欠了他二百吊钱一样。作为一个从乡村走出来的贫困大学生，阎平一路历尽艰辛，他怀揣着梦想来到大都市发展，原本以为可以靠自己的智慧和双手改变命运，可没想到苦苦打拼了十年，他仍然没有缩小与周围人的差距，为此心里愤愤不平。

阎平的上司荆鹏是老板的独生子，正在试着练手，再过几年就能接管家族企业了。阎平认为荆鹏样样比不上自己，只是因为命好就成了自己的顶头上司，以后还有可能成为自己的老板，真是太不公平了。荆鹏毕业的学校远不如阎平的有名，论资历论经验，荆鹏都尚显稚嫩，根本就赶不上阎平。每次抉择的时候，荆鹏心里都没底，不知道该怎么做，要不是阁平想出了很多有建设性的方案，许多工作都没法顺利开展。阁平虽然为公司做了不少事，也帮了荆鹏不少忙，但荆鹏一点也不感激他，觉得一切都是天经地义的，平日里总是对他指手画脚、颐指气使。阁平敢怒不敢言，心里积满了怨气。他由痛恨荆鹏、痛恨这家企业，发展到痛恨公司里的每一个人、痛恨人类社会、痛恨整个世界。除了愤恨之外，他几乎没有任何其他情感了。

其实，公司里的不少人是很同情阁平的，在荆鹏为难他的时候，常有人站出来替他说话，但阁平从来不知感激，无论对谁都不太友好。荆鹏虽然没有什么大本事，但却极为刚愎自用，看谁顺眼就重用谁、多给谁分发奖金，看着不顺眼的即使功劳再大也不予理会。阁平意识到照这样下去他永远都不会有出头之日，思来想去，最后决定辞职。

换了一家企业工作，阁平的境况仍然没有得到改善，他发现公司的绩效考核制度非常不合理，领导在分配工作任务的时候也很不公平，有的人长期从事最简单的基础工作，只要考核过关，就能拿到不少奖金，而工作能力强的人从事的都是复杂的高难度工作，考核常常不过关，拿不到奖金是常有的事。阁平觉得无论走到哪里都能遇到不公平的事情，心里越想越气，火气越来越大，动辄就和同事吵架，屡屡顶撞上司，在公司待了不到半年就被扫地出门。

公平是人类追求的终极理想，它不可能马上变成现实。这个世界不可能赋予每个生命体完全同等的空间和权利，不妨用冷峻的眼光打量一下我们生存的这个蓝色星球，你会发现不公平是一种常态。生长在热带雨林里的树木，拥有得天独厚的环境，可以轻而易举地长出亭亭华盖的风姿，可扎根在沙漠里的植物就远没有那么幸运了。它们不仅要接受烈日的炙烤、风沙的侵袭，还要忍受干渴的滋味，面对这种情况该怎么办呢，难道天天抱怨上帝厚此薄彼吗？

抱怨有什么用，愤恨又有什么用呢？沙漠里的植物没有那么细腻的情感和复杂的思想，所以非常能静得下来，喝不到水，它们就把根系伸到更深的土层里；为了减少消耗，就把叶片进化到了针尖大小，最终它们征服了恶劣的环境，在不公的世界里顽强活了下来，并且尽最大的努力为那片荒凉的不毛之地贡献出了自己的一点绿意。一株植物尚能如此，我们人类为什么就不能呢？

逆反心理，会让路越走越窄

很多年轻人喜欢根据自己的直觉好恶做出判断，只要感觉不喜欢，就不假思索地坚决反对，把青春期的叛逆延续到了职场，不惜以卵击石，跟强势群体死磕，摔打得伤痕累累、输得一败涂地，依旧不肯回头。这些年轻人为什么如此不理智、如此不能冷静呢？从心理学角度讲，主要是因为他们中了逆反情绪的毒。行事冲动叛逆，遇事不能沉着的年轻人，大都有强烈的逆反心理。

其实，不光是初出茅庐的年轻人存在逆反心理，在社会上摸爬滚打了数年的"白骨精"也有被逆反心理绑架的时候。不知你是否有过这样的感觉：忽然之间对熟悉的一切都厌倦了，看什么都不顺眼，讨厌别人用大分贝的音量跟自己讲话，不想再赔着小心做人，对任务分配有意见心中暗暗腹诽，按捺不住自己的情绪，稍不小心就有可能跟周围的人擦枪走火。在被前辈或上级压制的时候，更是怒从心头起、恶向胆边生，随时准备还击，表情、语气、姿态显得非常不屑，似乎对什么都不在乎，一切都无所谓，不管付出什么代价都要让对方感觉到自己的气场，势必要把积蓄已久的不满以歇斯底里的方式全部发泄出去。

如果你有过类似的表现，说明你的心智还未完全成熟，你不明白桀骜不驯是要付出代价的，以卵击石是一种看似悲壮实则愚蠢的举动。日本作家村上春树曾经发表过一段非常感性的言论，他说："以卵击石，在高大坚硬的墙和鸡蛋之间，我永远站在鸡蛋那方。无论高墙是多么正确，鸡蛋是多么错误，我永远站在鸡蛋这边。"碎掉的鸡蛋总是令人同情，因为它处在弱势一方，敢以脆弱之躯与坚硬的高墙碰撞，的确需要勇气，但这样的举动未必是正确的。但凡是沉稳冷静的人，都不会做出类似的选择。

蒋妍是一个非常叛逆的女孩，平时最讨厌条条框框的约束和一成不变的规则，更加讨厌公司从上到下等级森严的层级关系。她用怀疑的眼光审视一切，看什么都不顺眼。公司的一些举措，有利有弊，既有正面的影响，也有负面的影响，而她只看得到负面的东西，极其不认可公司高层推行的政策。

公司近期制定了高温费的标准，不仅提高了额度，还免费为全体员工发放解暑饮料，大家的福利增加了，都很高兴。可蒋妍却拉着长脸抱怨道："这点小恩小惠算什么？领导这么做不就是为了让我们夏天少打盹，工作效率尽可能地提高点吗？回头还不知要给我们增添多少工作任务，增加多少工作量呢。""你怎么总是曲解上级的好意啊？公司难得这么大方，大家都挺高兴的，你为什么非要说丧气话呢？"同事不理解地问道。蒋妍撇撇嘴说："好不容易大方一回，依旧显得那么小气，你们也不看看别的公司都有什么福利，咱们公司这点福利算什么？"

由于她总爱挑毛病、看法非常偏颇，在公司里几乎找不到志同道合的朋友，慢慢地就被孤立了起来。

蒋妍不仅不能跟同事们打成一片，而且跟上司的关系闹得也很僵。

有一天，别的同事都很忙，只有蒋妍暂时没有工作任务，处于清闲的状态，上司于是吩咐她给大家分发饮料，孰料竟遭到了她的强烈抵制。

"为什么要让我做工作以外的事，凭什么让我伺候全体员工？我又不是你们请来的保姆，凭什么给你们发饮料？你们渴了，自己不会从冰箱里取吗？干吗要让我代劳？"

"这点小事有什么可计较的，不过是举手之劳而已，你没看见吗，大家都在忙，只有你没事做，为大家服务一次又怎么了，有什么好抱怨的？"上司不满地说。

"让我付出额外的劳动，公司付钱吗？天下没有免费的午餐，也没有免费的劳动，千万别把我当义工使唤，我可不是当代的活雷锋。"蒋妍振振有词地说。

上司懒得再跟她理论了，当场宣布："蒋妍，以后你的午餐福利取消。"

"凭什么？"蒋妍急躁地嚷道。

"你刚才不是说'天下没有免费的午餐'吗？公司为你提供的午餐是免费的，既然你不相信世上有这样的事情，那么以后就按你的意思来办吧，要么你付费吃公司提供的午餐，要么自己到外面购买午餐。"上司解释道。

"你这么做分明是因为看我不顺眼，我跟你辩白了几句，你就随意削减我的福利，不按照公司章程办事，真是太过分了。"蒋妍气呼呼地说。

"你也知道公司有章程啊，你平时不是最喜欢逆着章程办事吗？我真怀疑，你像《三国演义》中的魏延一样，脑后长了反骨，不过这么说也算高抬你了，你虽有反骨，但却没有魏延的将才。"上司挖苦道。

"你这分明是在羞辱人。"蒋妍气得眼泪都快出来了，随后赌气说，"本姑娘不干了，不会继续在你手底下受这冤枉气。"说完，她龙飞凤舞地写了封辞职信，大步流星地离开了公司。之后，她连续换了好几家公司，经常因为跟上司、同事发生口角而负气出走，到了年底依然没有找到一份稳定的工作。

不要迷恋挑战权威的快感，不要充当搅乱秩序的叛逆者，你所做的事情并不具备任何正当性，你之所以跟秩序、规则以及规则的缔造者过不去，不是因为周围的人或事物有多么令人难以忍受，而是因为在逆反心理的操纵下，你在情绪上抵触周遭的一切，心里莫名感到不平衡，不想合作，只想着与人作对。你必须及早改变这种状态，否则未来的路只会越走越窄。

有阅历才有智慧的累积

　　一个人由青涩走向成熟，是一场心灵的修行，每个成长阶段都要经历不同的事情。从完成学业到择业就业，再到成家立业、养育子女，等等，随着岁月的打磨、阅历的累积，你会渐渐地褪去尖锐的棱角，收敛灼人的锋芒，变得平和、恬淡、稳重、富有责任感。这是一个水到渠成的过程。年轻人个性张扬、倔强莽撞、急躁冒进，主要是因为他们在心理上尚未成熟，从某种程度上说，他们还是稚气未脱的大孩子，缺乏阅历，未经历磨砺，没有舔尝过生活的酸甜苦辣，不知世事艰辛，人生没有厚度，所以难免会给别人留下年少轻狂的印象。

　　而沉稳下来，并不意味着少年老成，它指的是随着履历的增加，智慧与日俱增、心智日趋成熟，它需要时光的打磨和自身的修炼。年轻人荷尔蒙分泌旺盛，精力正处在人生的鼎盛时期，热血在胸中澎湃，有一种初生牛犊不怕虎的胆识和豪情，做起事来往往比较冲动，等到走入了迷途、碰了无数钉子、犯下了一系列错误之后，就会学会反思，慢慢觉醒，逐渐将心态调整好。不要期望一个涉世未深的黄口小儿不浮躁不张狂，天生就具有豁达的心境和从容笃定的心理品质，因为那是违反自然规律的。人只有经历多了、体验多了，有了底蕴、有了思想，才能拥有成熟的见解、过人的智慧以及令人折服的美好品质。

姜容毕业之后发现了一种奇特的现象，国内很多公司的老板都只有初中或高中学历，有些主管没有接受过高等教育，只有中专文凭，但大多数基层职员都有大专或本科学历，其中不乏研究生，他不明白这是为什么。他认为任何一个组织机构都有三个层级，第一层级的人是能统筹全局的大人物，具有战略性眼光和思维；第二层级的人是头号人物的左膀右臂，起到的是辅佐的作用；第三层级的人就是一群勤快的笨蛋，只懂得执行和傻干，非常务实却没有什么大本领。

姜容觉得自己目前就处在第三层级上，一些研究生和博士生也处在这个位置上，但是那些知识结构不完整、文化程度不高的小老板和中层管理者却处在上层位置。姜容很不服气，平时经常顶撞上级、顶撞老板，对老员工的态度也很不客气，他心中暗想：你们凭什么指挥我，我的能力和学识远强于你们，你们只不过是运气好跑到了我的前面，我要是早踏入社会几年，成就早就超过你们了。

由于姜容棱角太过鲜明、过于恃才傲物，入职没多久就把公司里的人得罪了大半。公司上下纷纷向老板反映，新来的年轻人桀骜不驯、目中无人，个性过于张狂。老板特地找了一个时间跟姜容长谈了一次。

"你觉得公司上下，包括我在内，没有一个人比得上你对吧？"老板开门见山地问。姜容被说中了心事，不知该怎么回答才好。"那你有没有想过，既然你比谁都有本事，那为什么我能成为你的老板，而别人能成为你的直属上司呢？"老板又问。姜容沉吟了一会儿，回答说："那是因为你们奋斗了很多年，而我却刚刚开始。""我们踏入社会比你早，社会经验比你丰富，这点你总归是承认的吧。"老板说。姜容点了点头。紧接着，老板向他讲述了自己白手起家的创业经历。

他自幼家境贫寒，父母靠卖街头小吃维持生计。每天天色刚刚破晓，就得早早地起床，到大街上摆摊叫卖，无论严寒酷暑、刮风下雨，日日如此。他不忍心父母如此辛苦，没念完高中就辍学了，之后当过搬运工、汽车维修工、货车司机，干过推销，也尝试着自己做小买卖。那时很年轻，虽然没有什么资本，但是有一双勤劳的手，肯吃苦，满脑子都是高大上的理想。打拼多年以后，他终于赚来了人生第一桶金，后来慢慢拥有了自己的事业。他觉得成功无他，只要低调一些，乐于踏踏实实地努力，付出就会有回报。人不能太过狂傲，别人站得比你高自然看得比你远，身上自然有过人之处。

讲完了自己的故事，老板又让姜容谈谈自己的人生经历以及对生活的体会。姜容觉得无话可说，他的阅历太浅薄了，顺风顺水地完成了学业，轻轻松松地找到了工作，不知道什么叫作艰辛，所以对唾手可得的东西不知道珍惜，莫名其妙地瞧不起别人，总觉得自己实力更强。"我的经历乏善可陈，在这方面我确实不能跟你相提并论，你能一手创下家业，凭借自己的本事冲出逆境，身上一定有过人之处，这一点我自叹弗如。"经过这番谈话之后，姜容改变了自己的处事态度，为人不再那么高调，变得平和内敛了许多。

人生的智慧是从生活的阅历和经验中获得的，它不能从书本和课堂中习得。仔细观察你就会发现，一个饱经沧桑的市井百姓，对人生和社会的看法要比一个学识渊博、不谙世事的高学历人才深刻得多。可见，阅历本身就能改变人和造就人，如果你想要摆脱乳臭未干的稚嫩形象，想要变得沉稳老练起来，那就请多让自己接受一些磨砺吧。正所谓"宝剑锋从磨砺出"，只有受得住千锤万凿的历练方能步入成熟，才能拥有世事洞明的慧眼和宁和淡然的心境，处理事情才会更加游刃有余，人情练达方面才会更加老到，活得才会更加从容洒脱。

不要被虚荣左右自己的人生

　　每个人或多或少都有一点虚荣心，都想有体面的身份、漂亮的衣装、闪亮的头衔、资深的背景，在人前显贵、在人后受捧，无论走到哪里都风风光光。正是因为虚荣心作祟，现代人才会变得越发急躁，不是陷入毫无意义的攀比式竞赛，就是为了面子问题而忙前忙后，不能静下心来一丝不苟地把该做的事情做好。故而虽然争了脸面、满足了虚荣心，但浪费了大量时间和金钱，没有把有限的精力投放到实处，技术不见精进，智慧不见增长，能力乏善可陈，渐渐变成了金玉其外败絮其中的伪精英，慢慢地退出了人生的舞台。

　　由于受到虚荣心理的戕害，功败垂成的例子比比皆是。比如知名教授为了让自己的论文登上权威杂志，违背学术精神，剽窃他人的劳动成果，事件曝光后在学术界失去了一席之地；再比如某些名人为了粉饰自己的形象伪造学历，谎言被戳穿后公信力直线下降；又如都市男女将大把大把的好时光消耗在了比拼式消费上，荒废了学业，走上了歧途。

　　章菁是一个非常爱慕虚荣的女孩，身上的每一件衣服都是名牌，饰品搭配全都是最新最潮款，肩上背的皮包是限量版，她认为这些装束和打扮能为自己增分不少，不仅能换来非常高的回头率，还能让所人高看自己几分。每次见客户，她都会花大量时间搭配服装，挑选背包、饰品，致力于把自己装扮得贵气高雅一些。她还想好了一大堆话语来包装自己，时时凸显自己的不俗品位。她的同事把大部分时间和精力都花在了熟悉产品知识上，有的人还花了不少心思研究客户的信息。而章菁则不同，她会直接把相关的资料丢给客户，让客户自己阅读，见了客户之后，会有一搭没一搭地陪对方聊天，对方若是女士，就聊皮包、香水以及最高端的美容产品；对方若是男士，就聊跑车、手表以及高尔夫球之类的贵族运动。靠着这种方法，她同不少客户成了谈得来的朋友，但她的业绩却始终上不去。

有位同事实在看不下去了，好心提醒章菁："拜托，我们是卖空气净化器的。又不是卖奢侈品的，跟客户谈业务的时候你不要再跑题了好不好？你这样做不是在为他人作嫁衣吗？客户对奢侈品牌产生兴趣，会到相关厂家那里购买，根本不会买我们的空气净化器。真不知道你到底是怎么想的。"

"难道你没发现，客户对我说的话题很感兴趣吗？这说明我们很投机。只要聊得投机，东西自然而然就卖出去了。"章菁认为自己的工作套路没有任何问题，"你知不知道什么叫放长线钓大鱼？别看现在他们没购买空气净化器，等到和我熟络了，只要我随便开口讲两句话他们就会上赶着来买产品，你信不信？"

同事摇了摇头："我觉得你想得太过乐观了，你最好还是多熟悉熟悉产品知识，提高一下自己的业务能力，踏踏实实地干点实事吧。"章菁不以为然地说："那种方法太老套太传统了，只能小打小闹，根本就干不成大事。你应该改换思想，换个发型换种打扮，别老穿土气的工作服，免得在尊贵的客户面前矮人一头。一定要在气场上占据优势，完全把对方震慑住，只有这样，才能牵着他们的鼻子走。"

同事说："你太在乎表面的包装了，包装再好，也没有实体重要，想要把工作干好，必须有真才实学和实干精神。"章菁觉得话不投机半句多，就不再和同事理论了。她精心地描画了妆容之后，便开开心心地去见客户了。她试探性地向客户提出了购买空气净化器的要求，客户当场就愣住了："原来你是卖空气净化器的呀，我一直以为你是做奢侈品代理的呢！我对空气净化器一无所知，你给我讲讲吧。"章菁指着桌上的资料说："都在上面呢，你自己看吧，内容那么多，又拗口，我实在背不下来。"

"你言简意赅地介绍一下就行了，不用像背书那样正式。"客户说。"说实在的，那东西我也不太了解。"章菁有点不好意思地说，"咱们已经那么熟了，如果你信得过我，就买一台放在家里用用呗。""我可不想当实验室里的小白鼠啊，你都不了解的东西，我怎么能随便购买呢？"客户委婉地拒绝了她。章菁这才明白自己的套路是错误的，随即从桌上拿起产品资料，低下头认认真真地钻研了起来。

但凡能够沉稳下来的，都不会热衷于追逐虚荣的泡沫，更不会被虚荣左右自己的人生。只有定力不强的人，才会被虚荣心所蛊惑，做事时本末倒置，使自己的人生完全走了样。

虚荣是一种原罪，从表面上看它能让你活得更光鲜更滋润，督促你快速成长，而实际上它一直在拖你的后腿，无形中把你塑造成了一个外强中干的人。你若是甩不掉虚荣的包袱，就有可能止步不前，永远都不能突破自我设置的障碍，取得长足的进步。

第三章
看淡得失取舍，
摆脱虚名浮利的阴暗诱惑

我们往往会发现，随着欲望的增加，痛苦会越来越多。其实，让我们感到痛苦的不是欲望，不是名利本身，而是我们自己原本就不宁静的心。只有内心足够宁静的人，才能摆脱外界虚名浮利的诱惑，获得属于自己的那一份发自内心的快乐。

有副对联说得好："得失失得，何必患得患失；舍得得舍，不妨不舍不得。"在想要得到之前，就要学会施舍。当你紧握双手时，里面什么也没有；而当你打开双手时，世界就在你的手中。懂得取舍，才能让我们在有限的生命里活得充实、饱满。得之坦然，失之淡然，淡定的人生应从学会舍得开始。

做真实的自己才会安心

一个淡定的人，一定是一个内心宁静的人，一个活得很真实的人。只有内心宁静了，我们才能跳出是非圈，置身事外，看清万事机理。只有平心静气、关注内心，我们才可能用心聆听生命的美好、体味生命的真谛。

英国哲学家罗素说过："幸福的生活在很大程度上必是一种宁静安逸的生活，因为只有在宁静的气氛中，真正的快乐幸福才能得以存在。"宁静，就是心无杂念或少一些杂念，人的杂念少了，心里的空间就宽了、敞亮了。

心灵宁静的人一般只需做到两点就可以了：少听、少看他人的生活，多听、多看自己的内心。少听，就是少听别人的评价，不以别人的评价而患得患失或者感到烦恼；相信自己的判断，我过我的日子，我做我的事，你爱怎么说就怎么说。少看，就是少看别人是怎么过日子的，看张家过得好就羡慕张家，看李家儿女好又羡慕李家。攀比是现代人不幸福的一大主要原因，我们应该关注自己的日子、享受自己的生活。要怎样做到这两点呢？一是自省，多思考，在自省中及时发现自己的错误，消除杂念。二是多接触大自然，自己的心灵就会在自然中得到净化。

从前，有个国王在打猎时遇到了一个美丽的女孩子，想娶她做自己的王后。女孩子同意了，但提出了一个条件：每天下午要给她一个小时的时间，不要问她去哪里、去做什么。国王答应了，她便和国王一起回到了王宫。

转眼间，10年过去了。王后非常称职，深受民众爱戴，还给国王生了一双可爱的儿女。更让人惊奇的是，王后还像10年前一样年轻，一点儿都没有变老。

只是，10年来，王后每天总是在同一时间离开王宫，又准时回来，每次回来王后都会显得很开心。国王很好奇：王后到底去了哪里呢，难道王后在外面另有情人吗？终于有一天，好奇的国王悄悄地跟踪王后，来到了他当初遇到王后的森林里。只见王后在森林里像小孩子一样，在草地上奔跑，躺着看天上的白云，在溪水里清洗自己的身体。做完这一切之后，她又穿上王后的衣服，以优雅高贵的姿态回到了王宫里。

原来，这就是王后保持年轻的秘诀。她每天给自己一个小时，抛开所有的杂念，像孩子一样单纯快乐，这也是她为何能够一直保持美丽的容貌和愉快心情的原因。

很多人都认为，漂亮的衣服、高档的化妆品、舒适的住宅、安逸的生活才能让人永葆年轻，殊不知，杂念少、欲望少的人，才会越健康、越年轻、越长寿。杂念越少，欲望越少，我们的心就越宁静；越宁静，我们就越容易看到自己真实的内心；只有看清自己的内心，才可能做真实的自己；只有做真实的自己，我们才会安心、才会快乐。

一个农场主晚上出去的时候，不小心把新买的手表掉到了草堆里，他手忙脚乱地在草堆里翻了半天也没能找到，仆人们也提着灯、打着手电筒来帮他寻找。可是，大家忙活了大半天仍然没有任何结果。等大家都去吃饭的时候，农场主的儿子悄悄地来到草堆边，没过一会儿就找到了手表。

农场主惊奇地问他的孩子："你是怎么找到的?"

孩子回答说："我只是把耳朵凑近草堆，然后就听到'嘀嗒''嘀嗒'的声音，我顺着声音去找就找到了。"

心烦意乱、焦躁不安的人，即使有了明确的目标和方向也很难找到真正想要的东西。急切的头脑越是想获得什么，就越容易陷入混乱和狂躁当中。而当我们的头脑处于安宁、单纯、寂静的状态中时，我们常常不用费太多力气就能达到目标。

俄国诗人莱蒙托夫因创作诗歌《诗人之死》而激怒了沙皇，被发配到高加索地区。在这里，原本以为自己到了地狱般极寒之地的莱蒙托夫却意外地听到了心灵的宁静之音，他惊呼："我听见了大地的沉酣!"正因为远离了尘世的喧嚣、远离了政治的是非，在这种安静的状态下，他才感受到了最自然、最美妙的声音。

并不是这个世界太吵闹，而是我们的内心不够安静，常常被外物所扰，于是，真实的自己反而被世界的浮躁所掩盖。其实，心静了，世界也就静了。心若宁静，便能够耳聪目明，便能听到平时难以感知到的声音。

古人崇尚"静以修身"，心不够宁静，不是因为被世界的外相所迷惑，而是被自己所迷惑。你越浮躁，对自己的认知就越模糊。心灵的浮躁和波动不仅影响着我们对于世间万物的看法，也会干扰我们对自己的认知，从而产生误差。只有当一个人的内心处于宁静状态时，才能对事物真相有一个相对清醒的认识，对于自己的思想行为也能产生一个相对公正的评价。

懂得如何控制欲望

恰到好处的欲望可以让人斗志昂扬，但如果一个人不懂得如何控制欲望，那么就会陷入欲望的泥潭，越往里面走陷得就越深，以致无法自拔。

控制欲望的方法很简单，就是经常"修剪"它们。

有一位书法家谈及自己当初练习书法的缘由时说："人长着手，就总想拿点东西。比如，看见女人的腰，就想搂一把；看见钱，也想抓一把；看见官印，更想据为己有。可是我知道这些东西会让我干出不理智的事情来，为了转移自己的欲念，有一天，我就想，就让手抓住这支笔吧。我每天都把心思放在练字上，手里不闲着，那些欲望也就都消失了。"

有一个男人，在一家公司任部门经理，年薪过百万，在北京五环外有一套住房。在很多人眼中，他已经是小有成就，但他自己却成天唉声叹气的。每次和朋友们一起聚会时，他都在不停地抱怨，抱怨自己的职务低，才华被埋没了；收入少，和同学们相比混得太差；房子不在市区内；等等。一次，他喝酒时认识的朋友帮他介绍了一笔买卖，说能够让他大赚一笔，孰料却是一个骗局，他因此成了一起刑事案件的主犯，职位丢了不说，还卖了房子作为赔偿，并面临着钱买 5 年的牢狱之灾。

这个男人明明日子过得不错，也许再努力几年赚钱买个更大的房子也不是不可能的，即使买不到，日子过得也算不错了，可结果呢？人何苦为自己没有的那些天天唉声叹气？想方设法也要得到，仿佛得到了他才能解脱、才会开心。可事实呢？事实是，他得到了更大的房子，还会为自己没有别墅而郁闷；他当上了总经理，还会为自己不是总裁而郁闷。人不知足当然并不是什么坏事，有更高的追求也没什么错，但因为欲壑难填而不开心、不幸福，就太不划算了。

一位禁欲苦行的僧人，到山中去隐居修行。有一天，他发现自己唯一的一件换洗衣服破了个洞，于是就到山下的村庄向村民要来一块布缝补。回到山中，过了几天，他发现原来茅屋里有一个鼠洞，衣服就是被老鼠咬破的。为了防止老鼠再咬破衣服，他到山下向村民讨来一只猫。猫需要吃食物，于是，他又向村民要了一头奶牛，每次挤牛奶喂猫。但是，每天要照顾小猫和奶牛影响了他的修行，他便到山下寻来一个流浪汉，请流浪汉替自己照顾猫和奶牛。为了吃饭，流浪汉又在山上开了一片地，种了一些农作物。过了一些日子，流浪汉说："我需要一位太太。"接下来的事情可想而知，流浪汉有了女人，继而便有了孩子，有了老婆孩子，他们便需要更大的房子、种更多的地、养更多的奶牛……结果，到后来，整个村庄都搬到山上去了。这个苦行僧只为了一件衣服便建造了一个村庄，想修行也不可能了。

欲望就像一条锁链，一个牵着一个，永远不能得到满足。欲望是人性中的一部分，无法泯灭，我们所能做的就是合理地控制自己的欲望，让自己不再做欲望的奴隶。

在泰国曼谷的西郊有一座寺院，索提那克法师是寺院的新住持。

索提那克法师发现寺院的山坡上到处生长着杂乱而青翠的灌木，为了让它们看起来美丽一些，索提那克找来一把剪子，有时间就去修剪灌木。半年过去了，一些灌木被修剪成了一个半球形状。

有一天，寺院来了个有钱人。有钱人向法师请教了一个问题："人怎样才能清除掉自己的欲望？"索提那克法师微微一笑，转身进入内室拿来剪子，让客人跟随自己来到寺院外的山坡上，然后指着那些修剪好的灌木说道："只要经常像我这样，反复修剪一棵树，你的欲望就会消除。"

有钱人疑惑地接过剪子，走向一丛灌木，咔嚓咔嚓地剪了起来。过了一会儿，法师问他感觉如何。他说："身体确实轻松了许多，心里也不像先前那样烦躁了，但脑子里那些欲望好像还在，并没有消除。"

索提那克法师笑着说："你以后要经常来这里修剪，过一阵子就好了。"

这个人就经常到寺院里修剪灌木。三个月后，一只展翅欲飞的雄鹰便已经初具形状了。这时，法师来到有钱人身后，问他："你懂得如何消除欲望了吗？"

有钱人面带愧色地回答："每次在修剪的时候，我觉得我心里的欲望已经没有了，可是一旦回到家里、回到我的生意圈子里，所有的欲望又全部冒出来了。法师，您说这是怎么回事？是不是因为我太愚钝了？"索提那克法师笑而不言。

当这只鹰完全成型之后，有钱人还是没能摆脱掉欲望的枷锁，他甚至怀疑法师的办法根本不灵。法师笑了，说："你知道我当初为什么建议你来修剪灌木吗？我不知道你注意到没有，你每次修剪前，原来剪去的部分又会重新长了出来。就像我们的欲望，你别指望完全消除它们。你所能做的，就是尽量去修剪它。放任欲望，它就会疯长。而如果你能够经常修剪它，反而会成为一道悦目的风景。"

每个人都会有欲望，一个欲望刚刚消失掉，新的欲望就又会浮上心头。甚至可以说，产生欲望是人的本能，如果人没有欲望，每天确实不需要那么忙碌，但人生的乐趣就会减少很多。但是，如果欲望太多，不但对人一点儿好处也没有，反而还会成为枷锁，让我们疲惫不堪。甚至，有很多人会因为急功近利而做出一些不理智的事情来。

定期清理你的欲望，当欲望来临时你不妨将它暂时放一放，看过一段时间你是否还对它念念不忘。比如，当你看中一件价值不菲的衣服时，不要急于将它买下来，再过几天你会发现，你已经没有了当初那样强烈的购买冲动。所以，当你有了超出自己能力的欲望时不妨问问自己，我真的需要那些欲望吗？

经常擦拭心灵上的灰尘

人世间的是是非非，始终都纠缠不清，没有人能在完全无尘的状态下生活。不公平的事见多了，伤心的事经历多了，我们的心就会被蒙上灰尘。我们必须要时时刻保持警醒，随时擦拭心灵上的灰尘，才能使我们的心灵时时保持清澈。

在一座县城里，有一位老和尚。每天天蒙蒙亮时，他就拿起扫把，从寺院扫到寺外、从城里扫到城外，一直扫出离城十几里，没有一天例外过。城里的许多人，从小时候开始就看到这个老和尚在扫地，直到做了爷爷还能看到这个老和尚在扫地。有一天，老和尚坐在蒲团上，安然圆寂了，但没有人知道这个老和尚到底有多大年纪了。若干年后，有人在城外的小桥上发现了字迹已经模糊的关于老和尚的传记——根据老和尚遗留的度牒记载推算，他享年137岁。

在小城里，还流传着另一个关于这个老和尚的传说。据说，有一位将军在小城扎营时，不知道为什么，突然起意要放下屠刀，恳求老和尚收他为佛门弟子。他也拿着扫把，跟在老和尚的身后扫地。老和尚什么都没说，只是对着他唱了一首歌："扫地扫地扫心地，心地不扫空扫地。人人都把心地扫，世上无处不净地。"老和尚一辈子没有徒弟，这个将军离开小城后到底命运如何没有人知道，但这首歌却帮助很多人改变了心境。

老和尚义务为小城扫地，实际上也是在扫自己的心地。老和尚得享高年，与他的高深修行分不开。可惜，世俗的人连一天的扫帚都不曾真正拿起来。郁闷了，就跑到清静的地方玩一玩、拜一拜，而回到花花世界里仍然我行我素。其实，只要你能够随时随地保持自省的心、随时随地打扫自己的心地，哪里又不是清净之地呢？

有位老太太总是抱怨住在她家对面的女人太懒惰："你看看，那个女人连衣服都洗不干净。看，她晾在院子里的衣服总是有污渍。"

直到有一天，有个朋友到她家去做客，才发现了其中的原因。这位细心的朋友拿了一块抹布，把老太太的窗户擦干净了："看，这不就干净了吗？"原来，是这位老太太自己家里的窗户太脏了，通过玻璃看外面的衣服自然总是有洗不掉的"污渍"。

与现实的灰尘相比，精神世界的灰尘更加无影无形，更具隐蔽性，更容易在那里堆积，让生命失常、让心灵失色。在漫漫的人生之旅中，我们会经受各种苦难，面对各种繁杂的人，看到各种让人郁结的事。如果我们不懂得取舍，好坏全收，就会发现，大脑开始变乱，原先的是非观也开始模糊，立场开始动摇，心里装满了似是而非的杂念，以至于思维越来越混乱，慢慢失去了做人的原则。

南山脚下有一座寺院，寺院周围都是杂草丛生的荒地，显得很荒凉。僧人也曾经铲除过，但铲掉不久杂草就会重新长出来。因为荒凉，香火也不旺，寺里的和尚不少都到其他寺庙挂单去了。

后来，寺里来了一位双目失明的僧人。令人百思不得其解的是，盲僧做完早课之后便会摸着锄头到荒地上开荒。锄掉杂草后，便会在泥土里撒下花籽儿。一场春雨过后，他播下的种子发了芽、抽了茎、绿了叶。在一个阳光明媚的早晨，当寺里的和尚出来做功课时全都惊呆了。只见周围的荒地上开满了鲜花，那些花在春日的阳光和柔风下绽放出了万种风情。但盲僧却很平静，虽然他看不到花朵，但是，他的心里早已开满了花。他种下这些花当然不是为了自己欣赏，而是在告诉世人：在这个世界上根本不存在什么荒地，荒芜的只有心灵。

几十年后，这位双目失明的和尚成了受人敬仰的一代禅师——心明法师。

我们经常说要去除杂念，这个盲僧就是在用行动告诉别人，清扫心尘、清除心灵杂草的方法很简单，用花朵代替杂草、用正念代替杂念、用善良代替恶就可以了。

要知道自己的心是不是染了灰尘、是不是长了杂草，就需要用自省的办法来及时观照它。曾子云：吾日三省吾身。这"三省吾身"，其实就是在打扫心灵的尘埃，通过反省自己的言行起到净化心灵、获得宁静的目的。我国古代有一个叫商汤的人，每当洗澡的时候都会进行默想和反省，希望自己能够达到身心的清洁。后来，他干脆就在洗澡盆上写下了几个字："苟日新，日日新，又日新。"希望自己每天都能进步一点点。

摆脱欲望，心灵安宁

我们都是凡夫俗子，在面对欲望时自然免不了心旌摇荡，想想生活中有多少看似本分老实的人，却在欲望面前伸出了贪婪的手。见钱眼开、见利忘义，不要以为这些字眼永远只能用在别人身上，我们随时都有可能被利所诱，做出不理智的事情来。摆脱诱惑的最好办法，就是远离它。

荀子说："人生而有欲。"人生而有欲望并不等于欲望可以无度，宋理学大家程颐说："一念之欲不能制，而祸流于滔天。"古往今来，因不能控制欲望，不能抗拒金钱、权力、美色的诱惑而身败名裂甚至招致杀身之祸的人不胜枚举。有人说：欲望就像海水，喝得越多就越是口渴。欲望不加节制就变成了贪婪。贪婪者没有满足的时候，而越不满足胃口就越大。在生活中，我们要拒绝不理智的欲望，远离贪婪、远离诱惑，只有这样，我们才能够远离诱惑的陷阱。

有两个在仕途上顺风顺水的男人，不到 30 岁就当上了局级干部，是很多人艳羡的对象。不过，有一天，其中一个突然辞职下海，白手起家做起了生意。当时很多人对他的举动都表示不理解，甚至为他惋惜。而几年后，这两个男人的命运却发生了 180 度的大转变。留在官场的男人虽然风光一时，但没两年就下了大狱，因为他利用职权犯了贪污罪，被判了15年有期徒刑。而那个下海的男人公司越开越大，如今已经成为当地小有名气的企业家。他在谈起当年自己的选择时颇为感慨地说："离开官场时我是经过深思熟虑的，因为我很清楚，自己有太多的缺点，不适合做官。假如我继续留在官场，下场可能比那位老兄更惨。"他认为自己有如下几种毛病完全不适合做官：

首先，他从小过够了苦日子，希望过富有的生活，他不能保证自己能够禁得住诱惑；其次，他也是有私心的人，若有亲朋好友来求他办事，他难免会徇私枉法。而要让自己不犯错误，最好的办法就是远离诱惑。

综上所述，他认定自己不适合做官，于是便弃官经商。

这个男人聪明在哪儿？聪明在他能清醒地认识到人性的弱点。在现实利益面前，每个人都有可能拒绝不了诱惑而误入欲望的泥沼。拒绝不理智的欲望和诱惑最好的办法，就是不去碰它。不要高估自己的定力和品性，好人在诱惑面前也难以永远保持清醒。对诱惑难以拒绝，是人类与生俱来的本能。这是因为，没有欲望、没有面对诱惑的冲动，人类是无法在残酷的自然界中生存和进化的。但人又是理智的，能够分析出哪些欲望是对自己有利的、哪些是有利有弊的、哪些是不利的，然后，以理智和毅力去克制不理智的欲望。

在希腊神话中，有一个人首鸟身的海妖，名叫塞壬。塞壬拥有天籁般的歌喉，她经常会用歌声诱惑船员。没有人能够抗拒塞壬的歌声。据说，英雄奥德修斯为了不受塞壬歌声的诱惑，命令船员用蜡将耳朵封上，他则用绳索将自己绑在桅杆上才安然无恙。

你是否听到过一些人这样给自己找借口，不是我想收贿赂，不是我想出去鬼混，可现在的社会就是这样，身边的人都这样，我想不收，他们求着我收；我不想去那种地方，可是朋友非拉着我去不可，我也是没有办法。不是你上赶着找欲望，而是欲望上赶着来找你。即便如此，还是有办法远离诱惑的：陶渊明当年不愿为了五斗米而折腰，主动放弃官职，跑到乡下去种地，过着悠然自得的生活。工作竞争太激烈，同事之间钩心斗角的事情太多了，你说，我做不到不计较，那么好吧，换工作，远离是非之地。有很多所谓怀才不遇的人既不甘心回家种地，又不喜欢职场的争斗，徘徊其中、深陷其中，结果把自己的一生都搞得惨兮兮的。

不要把诱惑当成人生的一种经历或游戏去把玩，要知道，当你对诱惑动心的时候，也就为时已晚了。

托尔斯泰说："欲望越少，人生就越幸福。"同理，我们也可以说欲望越多，就越容易致祸。古往今来，有多少人欲壑难填，又有多少人被贪婪打败。所以，面对欲望，我们一定要适可而止、懂得舍弃，只有这样才能从贪婪中解脱，从而获得心灵的安宁。

守住诱惑心灵的防线

现实生活中总是有太多的诱惑，如果你不能以宁静的心灵去面对，就会感到迷惘躁动或心力交瘁。所以，懂得在恰当的时候做出选择、懂得适时有所放弃，正是我们获得内心平静的好方法。

在一条偏僻的老街上有一家铁匠铺，里面住着位老铁匠。如今，已经没有人打制铁器了，老铁匠只好改卖铁制的生活用品，比如铁锅、斧头等。生意很冷淡，大半天来不了一位顾客。于是，人们就会经常看到老人一手拿着一个半导体收音机，一手举着一把紫砂壶，坐在店门口喝茶、听收音机。老人从来不主动招呼生意，开这个店更多的是为了打发时间，赚钱倒在其次。他老了，挣的钱够自己喝茶和吃饭的就行了，他很满足。

有一天，一个古董商人从老铁匠的商店门前经过，不经意间看到了老铁匠手里的紫砂壶。他一眼就看出，那是一件罕见的古董。再仔细观察，他认定，这是清代制壶名家戴振公的作品。戴振公素有"捏泥成金"的美名，据说他的作品现在仅存三件。难道世上还有第四件吗？古董商人征得老人的同意，端起那把紫砂壶仔细端详了起来，果然没错，就是戴振公的作品。

古董商人二话不说，出价10万元要从老人手里买下这把紫砂壶。老铁匠听到这个报价瞪大了眼睛，这把壶是他爷爷的爷爷留下来的，他从来都不知道一把泥做的茶壶会这么值钱。不过，他拒绝了古董商的请求。这是祖传之物，他不能卖。

壶虽然没有卖成，但古董商走后，老铁匠有生以来第一次失眠了。他端着茶壶左看右看，以前他喝茶时，茶壶随便往身边一放，想喝时，捏着壶嘴就往嘴里一送。现在，他总是害怕自己不小心把壶磕了、碰了。他的心思都在茶壶上，忘了茶的味道，忘了听收音机里的相声，忘了看门外悠闲的风景。

更烦人的日子还在后头，镇上的人听说老人有一把价值连城的茶壶后，都快把门槛踏破了，甚至晚上都经常会有人推他家的门。老人怕壶被人偷走，不得不加固了大门。

就这样，原本一把普通的紫砂壶摇身一变成为古董之后，老人的生活被彻底搅乱了。

过了一段时间，商人再次带着20万元现金登门，老铁匠再也坐不住了。他招来左邻右舍的人，拿起一把斧头，当即把那把紫砂壶砸了个粉碎！从此，老人又恢复了喝茶听收音机的平淡日子，只是那把名贵的紫砂壶换成了一把普通的紫砂壶。

就这样，老人端着这把普通的紫砂壶安然活到了120岁。

再多的钱财也不过是身外之物，有它，我们每顿吃一碗饭；无它，我们每顿也是一碗饭。只要我们的心灵能够宁静快乐，有多少钱并不重要。印度诗人泰戈尔曾经说过："如果鸟儿的翅膀绑上了金子，那么它肯定飞不高。"

人每天要面对诸多诱惑，它们以不同的面目和借口引诱我们，想把我们变成它们的俘虏。有一只冠雀被捕鸟夹给夹住了，它伤心地说："我真是最不幸的鸟呀！我没偷别人的贵重物品，但仅仅是一粒小谷子却使我丧了命！"这只冠雀愚蠢吗？其实，我们每个人都可能无意中变成一只可怜的冠雀。我们必须要时时警醒，抵制哪怕是像一粒小谷子这样的诱惑，以免使自己陷入不必要的烦恼当中。

我们看到很多名利双收的成功者，同时也是淡泊宁静的人。他们只是努力用心地在做自己应该做的事，而不贪恋成功带给他们的名气和利益。一个人努力地做自己应该做的事，功成名就本来是很自然的事，可许多人却偏偏舍本逐末，只要名利，这才是最致命的地方。物欲横流的时代向人们展示了太多的诱惑，越是在这种诱惑中行走的人，越要保持一份清醒和淡泊。

一位顾客走进一家汽车维修店，自称是某运输公司的汽车司机。他对店主说："在我的账单上多写点零件，我回公司报销后绝对亏待不了你的。"但店主拒绝了这样的要求。

顾客继续纠缠："我的生意很大，我会常来的，这样做你肯定能赚很多钱！"店主告诉他，无论如何也不会这样做。顾客气急败坏地嚷道："谁都会这么干的，我看你真的是太傻了。"店主火了，指着那个顾客说："你给我马上离开，请你到别处去谈这种生意。"

谁知这时顾客竟露出微笑并紧紧握住店主的手说："我就是这家运输公司的老板，我一直在寻找一个固定的、信得过的维修店，我终于找到了，你还让我到哪里去谈这笔生意呢？"

面对诱惑不心动，不为其所惑，只做自己应该做的事、赚自己应该赚的钱，这样的人才是真正懂得如何生存的人。这个世界有着太多的诱惑，人一不小心就会掉入陷阱。诱惑能使人失去自我，而找到自我，固守做人的原则、守住心灵的防线，不被诱惑，你才能生活得安逸、自在。

掌握好舍与得的尺度

就像做买卖一样，要想获得利润就得付出成本。同样，要想获得幸福就得付出努力。人不可能永远只是获得而从不失去，人生就是一个不断"获得"又不断"失去"的过程，只有把握好舍与得的尺度，我们才能享受到真正的幸福生活。所以，在拥有幸福之前我们要学会的第一件事，就是放下。

俄国作家托尔斯泰曾写过一则短篇故事：

有个农夫，每天早出晚归，耕种着一小片贫瘠的土地，但收成很少。一位天使可怜农夫的境遇，就对农夫说，只要他能不断往前跑，他跑过的所有地方，不管多大，那些土地就全部归他。

于是，农夫兴奋地向前跑，一直跑，一刻不停地跑！他跑累了，想停下来休息，然而，一想到家里的妻子和儿女需要更大的土地种出更多的粮食来养活，于是又拼命地继续往前跑！农夫跑得上气不接下气，实在跑不动了，可是，他刚想停下来马上又想到，将来年纪大了，自己和老伴儿需要更多的钱来颐养天年。于是，他强打起精神，不顾已经摇晃眩晕的身体继续向前跑！结果，他终因体力不支，"咚"地倒在地上死了！

人活在世上，为了自己、为了子女、为了有更好的生活，我们必须要不断地"往前跑"，不断地拼命赚钱，但同时我们也必须保持清醒，如果为了钱连命都搭进去了，便等于一无所有！其实人生在世，很多美好的东西并不是我们无缘得到，而是因为我们的期望值太高，往往在刚要接近一个目标时又突然转向另一个更高的目标。

小迈克有一次和祖父到树林里去捕野鸡。捕野鸡使用的是祖父设计的一种捕鸟器。祖父随身带来了一只木箱，他先用木棍支起木箱，又在木棍上系上了一根绳子。他让迈克拉住绳子的另一头，到树丛里藏好。他则在野鸡经常出没的路上撒上玉米粒，一直撒到箱子下面为止。野鸡发现了玉米粒之后，就会一路啄食，最终进入箱子。而迈克的工作就是待野鸡走进箱子下面之后拉动绳子，野鸡就会被扣在箱子里无路可逃。祖父说："记住，看到野鸡走进去就马上拉下绳子。"说完，就去别处忙了，留下迈克一个人看着捕鸟器。

迈克藏起后不久就飞来了一群野鸡，迈克数了一下，共有九只，它们看到玉米粒便全部落下来啄食。不一会儿，就有六只走到了箱子下面。迈克刚要拉绳子，突然念头一闪，再等等，等另外三只也走进去再拉也不迟。哪曾想，那三只不但没有走进去，反倒走出来三只。迈克有些后悔，但他又不甘心，他想，等再有一只走进去就拉绳子。可就在他思索的一瞬间，又有两只走了出来。如果这时拉绳，还能套住一只。但迈克还是很不甘心，心想，总该有一只要回去吧。不过，令迈克后悔不已的是，连最后那一只也走出来了。

那天，迈克一只野鸡也没有捕到。不过，他明白了一个令自己终身受益的道理：贪婪不仅不会让人得到更多，甚至还会使原本可以得到的也一同失去。

人人都渴望得到金钱、事业、爱情、美貌、幸福……但得到的越多，人就越不快乐，这是因为我们没有学会在得与舍之间做好平衡。有得便会有失，有失也会有得，从来就没有只得不失的情况存在。可是，很多人不管得到多少，却永远只为自己失去的那一点而感到难过，感到不甘心。

村里住着一位老人。每天早上，老人都会挑着水桶去村头的水井挑水。山路两边开着一丛一丛野花。老人的水桶用的年头太久了，有一只桶底已经烂了一个小洞。遇到这种情况，只需找到铁匠将桶底焊上就好了，但老人却每天都挑着破水桶优哉游哉地往来挑水，毫不介意水桶里的水有许多都白白流掉了。一个年轻人见了，就提醒他说："大爷，你的水桶漏了，你挑一担水不容易，白白流掉那么多该多可惜，赶紧修一下吧。"

老人哈哈一笑，说："哪能白白流掉呢？我水桶中流掉的水不正好落在了这些花花草草上吗？你看，它们长得多好，开得多好看呀！我天天都要走这条路，有这些花草陪着我，不是一件很开心的事吗？"

年轻人只看到了老人的损失，而老人看到的却是自己的得。在老人看来，他失去的不过是一些水，而得到的乐趣却是无穷的。幸福不在别处，就在你的心里，可对有些人来说，很多幸福都经不起一滴水的敲打，一滴水的流失就可能令他们不开心。

一个从来不愿意付出的人，却指望自己荒芜的心灵能开满鲜花，那无异于是痴心妄想。如果我们希望自己的人生少一些痛苦、多一些快乐，那么就要学会正确地看待得失，坦然地面对得失。

握得越紧，失去越快

有人形容幸福是一把沙，握得越紧，失去得越快。为什么会这样呢？我们常常认为，幸福就是得到，得到一个人的心、得到大房子、得到很多钱、得到自己想要的一切。我们希望得到，更害怕失去。越在乎，就越怕失去；越怕失去，就越要尝试紧紧抓住。父母紧紧地抓住子女，生怕他们长大后远走高飞，心不在自己这里；女人紧紧抓住男人，生怕他移情别恋；男人紧紧看住女人，生怕她红杏出墙；有钱人紧紧抓住存折，害怕钱财不翼而飞。而我们守着人、守着财富，却没有一点幸福的感觉，甚至怕什么来什么，越怕失去，幸福就逃得越快。

周末的早晨，妈妈正在厨房准备着早餐，4岁的儿子独自坐在客厅的地板上玩耍。这时，客厅里突然传来了儿子的哭声。母亲连忙放下锅冲进客厅，就发现儿子把手伸进了茶几上的花瓶里。花瓶上窄下阔，瓶口很小，儿子的手伸进去了便怎么也抽不出来。妈妈很着急，她试着把儿子的小手往外拔，可她只要稍微一用力孩子就哭着喊"痛"。实在没有办法了，为了儿子的手，就只有将花瓶打碎。她知道，这只花瓶是古董，老公花了很多钱才买下的。但为了儿子的手，她还是忍痛将花瓶打破了。

　　尽管损失了古董花瓶，但看到儿子的小手完好无损，妈妈也很安心。她检查了一下儿子的小手，发现孩子没有一点皮外伤，只是紧握着拳头，她让儿子打开手掌，可儿子却握得更紧了。是不是抽筋了呢？妈妈惊慌失措起来。

　　后来妈妈才知道，儿子的手一点问题都没有，他不肯打开拳头，原来是因为手心里紧握着一枚硬币。正是为了掏那枚硬币，儿子才将手卡在了花瓶的口内。儿子的手之所以拔不出来，不是因为花瓶口太窄，而是因为他不肯松开握紧的拳头。

　　小孩子宁可手拔不出来急得哇哇大哭，也不肯放松拳头，这和非洲猎人抓猴子的故事十分相似。

　　在非洲的一个地方有很多猴子，猎人为了抓到猴子就做了一只箱子，在箱子上开了一个仅能伸进猴子手掌大小的洞，箱底放着猴子平常喜欢吃的食物。猴子看到食物后，就能把手从小洞伸进箱子里去，但等猴子握住食物之后手就拿不出来了，因为握着食物的拳头比伸开的手掌要大很多。当然，只要猴子扔掉食物就能把手拿出来，但贪心的猴子就是不肯丢掉食物，自然只能乖乖就擒了。

　　成人当然不会犯这么低级的错误，但并不证明成人就比孩子或猴子聪明多少。我们虽然不会为一枚硬币就把自己困住，但我们也不希望失去钱财和食物。于是，我们被现实的利益紧紧绑住、困住，你抓得越紧，困得就越久，就越逃不开。你害怕一松手就会彻底失去，但你不张开手也一样不快乐。

　　小梅结婚后不久就发现，婚姻远没有自己当初想的那样简单。其实，也不是老公有什么问题，有问题的是小梅。小梅的老公是做销售的，在外面应酬多，经常会出差。有时为了应酬，半夜才能回家。小梅基本上是从老公下班开始就隔一会儿一个短信、隔一个小时一个电话。如果老公回短信晚了或者不接电话，小梅就急得像热锅上的蚂蚁，担心老公是不是有外遇了。刚开始老公还没说什么，可过了一段时间她老公就受不了了。老公对她说："我不是牛马，你这样成天电话跟踪，我就像被拴住了手脚一样。你能不能少打电话，我又不是小孩子，丢不了。"

小梅说："我不打电话，不看住你，你跟别的女人跑了怎么办？"小梅把自己的担忧说给闺密听，闺密也说："老公就要抓紧，你不抓紧，像你老公那么优秀的男人肯定会被别的女人抢跑了。"于是，小梅就看得更紧了。老公越来越烦，干脆把手机关掉。这下小梅更紧张了，经常等老公一回来，就马上又哭又闹，说老公在外面肯定有别的女人了，弄得老公哭笑不得。后来，小梅干脆向老公提出，让他换一个清闲一点的工作，只要每天能够按时回家就行。

老公是个喜欢交际的人，更何况他打拼多年，有了一定的基础，怎么可能让多年的努力付诸东流？后来，小梅甚至要求老公出去谈业务时也要带上她。三番五次之后，老公受不了了，向小梅提出了离婚。

小梅一气之下跑到海边，心想，自己还不如死了算了。这时，妈妈来到了她身边。小梅向妈妈讲述了自己结婚以后的担心和自己的一些想法，说："我错了吗？我只是不想失去他，只是让他出去带上我，我的要求很过分吗？"

妈妈什么也没有说，而是从地上捧起了一把沙子："看到了吗？这把沙子就像你的幸福，你捧起它，它就在你的手中，可是如果你握紧它，它就会失去。"说着，妈妈将双手握紧，沙子从她的指缝间流了出来，越用力，流得越多。待妈妈再把手张开时，那捧沙子已经所剩无几了。

"也许你的担心是对的，但幸福并不是你想抓紧就能抓紧的。一把沙子我们都抓不住，更何况是一个大活人？你把老公套得越牢、握得越紧，他就越想逃离。婚姻就像这把沙子，你握得越紧，反而失去得越快。"

我们紧紧抓住自己想要的东西，以为这样就不会失去，可恰恰是因为我们抓得太紧，倒把自己紧紧困住了。如果你要抓住的幸福对象是一个人，那么非但抓不住他，他还会远远逃开；你抓得越紧，他逃得越快、逃得越远。你把幸福错误地放在了手心里，你的拳头握得越紧，容纳幸福的空间就越小，幸福当然也就越来越少了。

有人会问，如果我不幸失去了怎么办？其实，我们连一把沙子都抓不住，又怎么能抓住幸福呢？幸福就像是一只蝴蝶，张开手，蝴蝶立在你的掌间，在你掌间翩翩起舞，而你要是想紧紧抓住，得到的只会是一只死蝴蝶。不要害怕蝴蝶飞走，即使飞走了，曾经的美好也会留在你的心间，也好过彻底死去。

很少有人在付出了很多后还愿意放下，正是由于放不下，才越抓越紧，抓住了钱，却失掉了享受；抓住了人，却失掉了自由。我们要明白，幸福不是你想抓住就能抓住的，你再不希望失去，也要学会放手。放手，幸福还可能在掌心。你若紧紧握住，它反而会从你的指尖溜走。请相信对方，也相信你自己，将拳头握紧，里面什么也握不住；而张开双手，你就拥有了整个世界。

看淡舍得是一种大智慧

当我们双手空空来到人世的时候，上天偏让我们紧攥着手；而当我们收获满满地离开人世的时候，上天却偏让我们撒开手。其实，在活着的时候我们就应该学着放手。放掉手里的苹果，你会得到一棵苹果树；放掉一棵苹果树，你会得到一片果园；放掉一片果园，你就会得到满世界的阳光和雨露。

人总是会想着，得到的越多越好，失去的越少越好。得之兴奋不已，舍之则懊恼难当。可是，人生就是这样，你想得到一样东西便要舍弃另一样东西。有人说，万一我把东西舍出去了却得不到我想要的该怎么办？舍得，舍得，虽然不是每次舍弃都能得到回报，但不舍你就什么都得不到。而且，舍与得也并不是买卖关系，不是你花 10 块钱便能买到 10 块钱的东西。舍与得从某种程度上说，是一种付出后的幸福感。

在飞速行驶的列车上，一位老人不小心把刚买的新鞋从窗口掉下去了一只，周围的旅客无不为之惋惜。不料，老人毅然把剩下的一只也扔了下去。众人大惑不解，老人却从容一笑："鞋无论是否昂贵，剩下一只对我来说都没有什么意义了。把它扔下去，就可以让拾到的人得到一双新鞋，说不定他还能穿呢。"

真正富有的人，是懂得舍弃的人。每个人无论贫富，吃穿所用的钱都是有限的，财富锁在箱子里，实际上既不属于你也不属于任何人，而如果你张开手打开箱子，这些财富不但不会失去，反而会不断地增值，让你成为更富有的人。

美国的石油大亨默尔曾因心力衰竭住进汤普森急救中心，病愈出院后，他卖掉了价值几十亿美元的公司，并将所得全部捐给了慈善和卫生事业，自己则移居到乡下颐养天年。

1998年，已经80岁高龄的默尔参加汤普森急救中心的百年庆典时，有一位记者问他："默尔先生，您当初为什么要卖掉自己的公司呢?"默尔指着刻在医院大厅里美国好莱坞影星利奥·罗斯顿的一句遗言说："是利奥·罗斯顿提醒了我。他说：'你身体很庞大，但你的生命需要的仅仅是一颗心。'"1936年，利奥·罗斯顿在英国演出时突发心力衰竭被送进汤普森急救中心，医生使用了当时世界上最先进的药物和医疗器械，但仍没能挽救他的生命。利奥·罗斯顿的心力衰竭源于肥胖。临终前，他留下了这句遗言，警告世人，多余的财富就像肥胖一样对人没有一点用处，反而会成为致命的负担。

是的，多余的脂肪会使我们的脏器负担过重而生病，多余的财富会消耗我们太多的精力去打理，多余的追逐会增加生命的负担。因此，人若想活得轻松、快乐、健康，就要学会舍弃生命中的多余。舍得是一种审时度势的大智慧，两利相权取其重、两害相权取其轻，默尔放弃财富而获得了健康。从这个意义上说，"舍"本身其实就是"得"。古人云："退一步海阔天空。"善于舍弃，主动向后退一步，反而会获得更多的利益，拥有更加广阔的发展空间。

有一天，几个学生建议苏格拉底到集市上逛一逛，"集市上的东西可真丰富啊，想要什么有什么，都是些新鲜玩意儿。如果您去了，一定会满载而归的"。

苏格拉底接受了学生们的建议。等他从集市上回来，学生们围住他，七嘴八舌地问他有什么收获。苏格拉底说："此行我有一个非常大的收获，那就是我发现，这个世界上原来有那么多我不需要的东西。"他继续说，"人如果为奢侈的生活而奔波，那么幸福其实已经离他很远了。"

我们之所以举步维艰，是因为背负太重；之所以背负太重，是因为还不会舍弃。有位诗人曾说过："要想采一束清新的山花，就得放弃城市的舒适；要想做一名登山健儿，就得放弃娇嫩白净的肤色；要想穿越沙漠，就得放弃咖啡和可乐；要想永远有掌声，就得放弃眼前的虚荣。"鱼和熊掌不可兼得，当你决定了自己该选择什么、该放弃什么以后，便不要后悔，更不要瞻前顾后。

生活有时会逼迫你不得不交出权力，不得不放走机遇，甚至不得不放弃爱情，而如果一定要放手，就应潇洒地放。也许放弃在当时是痛苦的，但既然决定了放手，不管结局如何，我们都要学会坦然面对，轻松上路。

放弃是为了更好地得到

在适当的时候，必要的舍弃是为了更好地得到。当我们发现自己所走的是一条并不幸福的道路时，与其苦苦挣扎，不如勇敢地选择放弃。没有果断地放弃，就没有辉煌的选择。

在美国西部的一家农场，有一个伐木工人名叫刘易斯。一天，他独自到森林里去伐木。没想到，一棵大树被他用电锯锯断倒下时，又被对面的大树弹了回来，他躲闪不及，右腿被树干死死压住，顿时血流不止、疼痛难忍。他知道，森林方圆几十里没有村庄，几天都见不到一个人影，指望在自己的血液流干之前被人拯救的希望等于零。所以，他不能等待，只能自救。他摸到斧子，开始砍树，可是没砍几下斧柄就断了，斧头飞了出去，落到了很远的地方。好在他又摸到了电锯，但很快他就发现，大树是竖着倒下的，不但锯不断树干，而且树干还会把锯条死死夹住，根本就无法使用电锯。绝望之际，他头脑中突然产生了一个令他自己都觉得疯狂的想法，那就是不锯树而是把自己被压住的大腿锯掉。虽然这样会令他失去一条腿，而且疼痛的恐惧会让他难以下手，但这是唯一可以保住他性命的办法！很难想象，这个男人居然真的拿起电锯锯向了自己被压着的大腿……他终于摆脱了大树，虽然失去了腿，虽然伤口在不停地流血，但他却成功地保住了自己的生命。

在腿和生命之间，刘易斯选择了放弃腿。缺了一条腿，他还能拥有生命；而拥有生命，便会拥有一切。可是，像刘易斯这样的聪明人并不多。有一句话叫作"人为财死，鸟为食亡"，很多人搞不清生命和财富之间孰重孰轻，该舍的不舍，结果连自己的性命都一起搭了进去。这样的事情，在我们的生活中屡见不鲜。

1846 年 10 月，多纳尔家族一行 87 人在前往加州的路上被大雪阻隔，受困在了关口里。40 天后，有一半人陆续死于饥饿和寒冷以及由此而导致的疾病。直到所有的食物都用尽之后，终于有两个人决定出去求援。几天后，他们到达了一个村庄，并带回了一个救援队。

读到这里，你可能会觉得奇怪，既然这么容易就能走出风雪，寻求救援，那么他们为何不一开始就出去寻找救援呢？原因再简单不过了，他们不愿意放弃身边的财产。他们曾试图将马车和财产拖出关口，但都因为路上的雪太深，寸步难行而作罢。他们都不肯放弃这些财产，而选择一起留了下来，结果有一半人因此付出了宝贵的生命。这是一种多么愚蠢的行为！

大多数人都舍不得放弃到手的东西，结果反而失去了更为重要的东西。因为舍不得经营多年的婚姻，许多男人和女人像仇人般在同一屋檐下生活，结果，他们失去了组建另一个幸福家庭的机会。许多人因为舍不得自己一毕业就找到的但并不喜欢的工作，而失去了更多发挥自己能力的机会。

据调查，有 28% 的成功者都是因为找到了自己最擅长的职业才将自身优势发挥得淋漓尽致。而那 72% 的普通人因为不知道自己的"对口职业"，不甘心却又不得不做着自己不喜欢的工作，又不肯换个地方"打井"，所以，他们只能既痛苦又平凡地过完一生。

放弃，也是人生的一道风景。及时为人生掉个头，便会欣赏到另一种精彩绮丽的美景。

第四章
磨棱角收锋芒，
呵护好人与人之间的感性世界

　　一个人要是不懂得收敛棱角和锋芒，就会遭人嫉妒，成为众矢之的；一个人若是太过任性、太过狂傲，聪明外露、感情用事，无形中便会冒犯很多人。沉稳下来的人会收敛锋芒，将智慧深藏，有本事不自夸、有能力不狂妄、有才华不彰显，平时谦虚谨慎、平易近人，从不过分骄奢，因此不会被任何人看成是异类，自然就没有那么多敌人了。

　　你的处世态度决定着你的最终结局，你的能力拥有可以发挥的空间，能排除人为设置的障碍，你的明天才会更加美满。

爱出风头的人容易先受伤

人在年少无知时普遍爱出风头，喜欢到处炫耀，一点也不能沉着，显得非常浅薄幼稚。由于不明白"树大招风"的道理，无形中招来了不少敌人。不知你在青春年少时是否犯过同样的错误，而今是否吸取教训了呢？或许你到现在都不明白，为什么有那么多人看自己不顺眼？原因其实并不复杂，与你平起平坐的人看不惯你的出格行为，不如你的人讨厌你自我炫耀的做法，比你强的人觉得你太夜郎自大。如此一来，你便成了非常不讨喜的人，不被任何人认可和看好。最糟糕的是，你还认不清形势，在错误的时间错误的地点卖力表现自己，风头盖过了上级，甚至压过了老板，成了别人的眼中钉、肉中刺，而你却浑然不觉。这些不成熟的表现都会使你不知不觉走到别人的对立面上，毁掉你苦心经营的人际关系，进而把自己逼入四面楚歌的可悲境地。

诚然，每个人或多或少都有一点虚荣心，渴望光环加身，享受众星捧月般的待遇。这是人的天性，本来无可厚非，问题在于，舞台只有一个，主角也只有一个，它是人人争而不得的角色，你得到了必然会引起他人的嫉妒。假如实至名归的话，你也许能在诋毁和非议声中收获鲜花和掌声，如果名不副实，没有才干和能耐，你却偏偏要强出风头，那就有可能受到群起而攻之的待遇了。

胡艳是一个非常喜欢表现自己的女孩，平时极爱出风头，开例会的时侯，上司和老员工尚未发言完毕她就抢先说话，从产品研发到市场分析、营销策略，讲得头头是道，俨然把自己当成了会场上的绝对主角，引起了公司上下所有人的不满。上司觉得她摆不正自己的位置，不堪大用；老员工认为她资历尚浅，没有资格那么做；新员工觉得她太爱显摆自己，一言一行都很讨厌。

自她入职以来，没有一个人喜欢她，几乎所有人都盼望着她早些闭嘴或者消失。她却一点都没有察觉，继续跟比自己资历深的人抢话，有时还越俎代庖替领导发言。由于不受待见，同时入职的员工薪资都有所上涨，只有她还在原地踏步。

同样的话，老员工已经跟客户交代过了，她偏偏要插几句，把原来的内容按照自己的语言风格复述一遍，搞得客户莫名其妙，老员工也很不高兴，既觉得没面子，又担心她抢单，有时实在忍不住，会当场给她难堪："你觉得我没有把话说清楚，必须由你来补充，客户才能听懂吗？"胡艳先是一愣，随即笑笑说："你多心了，我这不是在帮你推销吗？"老员工没好气地说："你还是帮帮你自己吧，入职那么久了，一点业绩也没有，还有心思管别人的闲事。"

胡艳自讨没趣，只好走开了。她在办公室里踱来踱去，看到经理在给新员工解答疑难问题，立刻来了精神，对经理说："您说了这么久，一定口干舌燥了吧，先歇歇吧，他们问的问题我都懂，让他们问我好了，我很愿意帮他们解答。"经理说："那好吧，现在欢迎胡老师给你们解答问题。"说完，就坐到了旁边旁听。

胡艳终于又找到了一个展示自己的机会，十分得意，讲起话来滔滔不绝，一个问题至少要说上 20 分钟，里面掺杂了不少废话。新员工听得很不耐烦，纷纷又聚到经理身旁，央求经理为他们答疑解惑。胡艳不高兴地说："让经理歇歇吧，我给你们讲还不行吗？""你抓不住重点。"一名新员工斗胆说出了大家的心声。胡艳被驳了面子，感到很扫兴，只得知趣地走开了。

一年之后，公司进行改组，规模减小了许多，不受欢迎的员工都被调到库房看管货物，胡艳就是其中之一。由于工资低，又没有提成可拿，胡艳的日子过得无比艰难，她还听说这次人事调动得到了公司上下所有人的支持，她更感到无比心寒，万万没想到自己的人缘居然差到了这种地步。想来想去，她心里窝火，在库房干了一个多月就主动辞职了。

很多人认为这是一个酒香也怕巷子深的年代，必须要在人前尽量博出位才能引起足够的重视，得到更好的发展机会，所以该出手时就要出手，该出风头的时候必须出出风头，必要的时候还要高调炫耀自己的口才、学识和能力，让所有的人都对自己佩服得五体投地。其实，这种想法是错误的。你可以适度展露自己的才华，但必须要掌握火候和分寸，任何时候都不能出尽风头，毕竟你不是镁光灯下的大明星，过度炫耀不仅显得不够庄重、有损于自身的形象，还会引起别人的强烈反感。在能力不济的时候更加不能强出风头，因为那样做不但不能让你活得更风光，反而有可能让你输得更狼狈。

真正的智者，素来不喜欢彰显自己，但这并不影响他们在他人心目中的地位。只有浅薄无知的人才会急着出风头、抢风头，自以为聪明、自以为了不起。事实告诉我们，做人要沉稳下来，不能太轻浮、不能太自以为是，等到自己真的成了不可或缺的稀有人才，即便再低调内敛也会被推向舞台，获得大放异彩的机会。所以，从某种意义上说，爱出风头者往往容易摔下舞台，不爱出风头而默默积攒力量的人才能最终成为舞台真正的主角。

不要轻易外露锋芒

不能沉着最鲜明的表现就是锋芒毕露。仔细观察你就会发现，沉稳大气的人大多比较内敛，身上自有一种掩饰不住的光芒，与才高气傲、目空一切的人形成了鲜明的对比。也许你会说只有事业有成的中年人才能达到那样的境界，青年人不露锋芒怎能崭露头角，怎能把握稍纵即逝的机会，又怎么实现人生的理想呢？

诚然，为了不被长期埋没并找到属于自己的位置，你必须要有"亮剑"精神，但这并不意味着你必须要将自己的才华和锐气毫无保留地展露出来。你可以有锋芒，但时机不成熟时最好不要轻易外露。锋芒是一把双刃剑，既能成全你，也能毁了你。最明智的做法是，平时收在剑鞘里，在该亮剑的时候才可拔剑出鞘。因为锋芒太露，往往会给自己埋下祸根。

《红楼梦》中的晴雯就是因为不擅长掩藏锋芒，才一步步走向毁灭的。她相貌出众，有才华有手艺，心气极高，长了一身利刺，对上恃才傲物、对下冷酷刻薄，把贾府的人得罪了大半，唯独赢得了宝玉的心，然而宝玉却没有能力保护她，可怜一代才貌双全的佳人年纪轻轻就在残酷的迫害和打压下香消玉殒了。可见，在时机不对的情况下，毫无防备地将才华一览无余地显露出来对自己是非常不利的，早早地显山露水或许可以风光一时，但事后却可能换来无穷无尽的麻烦与祸端。

　　早早出鞘崭露锋芒的人往往退场也快，只有懂得隐藏锋芒，知道怎么养精蓄锐，怎么在关键时刻一鸣惊人的人，才能笑到最后。假如你的锋芒伤到了别人的眼睛，给他人带来了心理压力，或是直接损害到了某些人的切身利益，那么你崭露锋芒的那一刻就是自己成为公敌之时。所以，纵有宝剑也不可轻易出鞘，纵有满腹才学也不可到处夸耀，更不能恃才傲物、为所欲为，违背人情世故的基本法则。

　　社会环境不同于校园环境，在学校，你有才华有学识，老师同学会真心诚意地佩服你、夸赞你。在社会上，你有能力有本事，才气智慧过人，却未必能得到别人发自真心的赞美。这是为什么呢？道理很简单，在学校你有才华并不影响别人，而在同一家公司做事，你的出众势必会反衬出他人的平庸。你得到的表扬越多，意味着他人被否定被漠视的次数越多；你获得的待遇越优厚，意味着别人的利益就有可能被过度侵占。从某种意义上说，你的存在让大多数人心理失衡，众人把矛头指向你就几乎是一种没有悬念的事。古人所说的"木秀于林，风必摧之"就是这个道理。

　　赵杰是一名学贯中西的海归，具有"白骨精"的典型特质，聪明、能干，反应敏锐，做事滴水不漏，无论干什么都遥遥领先，在公司里业绩一直独占鳌头，一人领走了七成的部门奖金。他向来比较高调，个性比较张扬，从不掩饰锋芒，自诩为公司的中流砥柱，甚至不把公司的总经理放在眼里。在员工大会上，他侃侃而谈，津津乐道地向员工们推广自己的成功经验。经理和同事都挺讨厌他，只有老板欣赏他，多次在重大场合公开表扬他，还号召全体员工向他学习。事后还制定了新的业绩目标，并宣布谁要是完不成任务，谁的奖金就要被全部扣发，用以奖励对公司贡献更大的人。老板所说的那个人当然指的是赵杰。大家知道自己被扣发的奖金全都进了赵杰的腰包，感到十分气愤。

有一天，一名员工抱怨说："那个海归没有空降到公司之前我们过得好好的，老板对我们的要求没像现在这么苛刻，也从来没有出现过扣发奖金的事。可自从他一来，公司上下都被搅乱了。只有他一人春风得意，我们却要暗暗受苦，真是太气人了。""你说得对，他一天不走，我们就一天没好日子过。"其他员工纷纷响应。

员工们聚众小心议论的时候，经理恰巧经过，把大部分话都听到了耳中，他当场表态说："赵杰这个人虽然很有能力，但不通人情世故，过于恃才傲物，从不顾忌别人的利益和感受，坦白说，我很不欣赏他。但他确实是个人才，又深得老板器重，我也不方便为你们出头啊。"众员工知道经理站在自己这一边，顿时底气倍增，心想赵杰以寡敌众，纵使有再大的能耐也会败下阵来。到了月底，全体员工在经理的带领下纷纷上书请辞，理由是不堪压力，老板没有批准。他知道大家是因为对赵杰不满才做出如此过激的举动的，权衡再三之后他决定辞掉赵杰，保留团队。

赵杰听到消息后非常不服气："我是公司里最有价值的员工，你真的要为了那帮庸才而辞掉我？"老板无可奈何地说："一个人能量再大也比不过一个团队，你不被整个团队所容，我只能二选一，实在想不出两全其美的办法了。"赵杰垂头丧气地离开了公司，到最后也没有弄明白自己究竟错在了哪里。

职场虽然不同于战场，但到处都有看不见硝烟的战争，作为新人一定要沉稳下来，先保护好自己，不能轻易崭露锋芒，以免遭人嫉恨。在羽翼未丰之前应尽可能地收敛锐气、低调处事，不要刻意打破原有的平衡，待时机成熟后再一鸣惊人，赤手空拳为自己打下一片天地。

内心有暖意，撒播正能量

有些人认为要想沉稳就必须磨光棱角，泯灭真性情，变得现实而世故、冷酷而麻木，其实不是这样的。尼采说过："许多人所谓的成熟，不过是被世俗磨去了棱角，变得世故而实际了。那不是成熟，而是精神的早衰和个性的消亡。真正的成熟，应当是独特个性的形成、真实自我的发现，以及精神上的结果和丰收。"成长并不意味着精神衰老，也不意味着失去所有的棱角，它指的是拥有健全的人格和健康的个性，发现真我，升华精神境界，洞悉生命中的真谛。

懂得冷静之道的人都很理性，理性与世故冷酷无关，它是超越感性认识之后所达到的境界。一个人由冲动变得沉稳、由任性变得理性，不是因为接受了世俗的法则、泯灭了个性，而是因为心智成熟了，懂得怎样用冷静的理性温暖人间，对全世界都温柔起来。不要以为像冰一样冷酷、像岩石一样刚硬，完全不被感情所左右，就是真正懂得冷静，那不是懂得冷静，那是精神的早衰和个性的消亡，任何一个鲜活生命都不应该达到那样的境界。作为一个有血有肉、有思想有情感的人，我们应当呵护好自己的感性世界，保持住自己的本色，同时懂得用理智和智慧驾驭自己的情感。

懂得冷静的人，不是看不到社会和人性的阴暗面。他们既能看到阴暗面，又能看到人性光辉美好的一面，深谙世界的残酷和黑暗，依旧能够满怀热血地积极生活。他们深知人性的复杂和世界的复杂却依然不失赤子之心，被欺骗过被伤害过却依然愿意真诚待人。对人外热内冷，与理性无关，人只有在对人类自身和外界环境完全丧失了信心时才会那么做，一个真诚的人，一个既能理性思考又有感性思维、人格健全、温存善良的人，外表可冷峻可热情，但内心一定是火热的。

康辰曾经是一个文艺青年，骨子里浪漫多情，非常细腻感性，看到繁华都市里宏伟的工程就热血沸腾，忍不住赞叹农民工的淳朴勤劳；看到街头的流浪汉就黯然神伤，常会在路边买些早点送给他们。在社会上摸爬滚打了数年以后，他发现这个世界跟他想象的完全不一样，原来工人也会故意磨洋工，乞丐也会拿着别人施舍的钱到高档场所消费，形形色色的人都在为自己的利益奔忙，没有人在乎别人的疾苦和眼泪。

康辰迷失了，信仰崩塌了，从此他什么都不信，不想再被情感所左右，变得冷酷和世俗，除了个人利益以外别无他求。他羡慕那些工作几年便身价上亿的 CEO，默默地朝着这个方向努力着。为了尽快实现目标，他开始有意识地巴结讨好大客户，在签订订单之前对大客户极其热情，而交易完成之后态度马上会冷淡下来。由于很多大客户都不会再签第二单，他认为对方不再具有利用价值，因此迅速与其划清了界限，大部分都老死不相往来。

有一位客户，他跟单跟了半年才把生意谈妥，在这半年时间里两人往来密切，几乎成了朋友。可交易结束后，那位曾经给他带来了滚滚财源的大客户有事求他帮忙，他理都不理，还故意摆出高姿态赶人："我的时间是很宝贵的，不能浪费在没有价值的人身上。"客户万万没想到他会翻脸不认人，不禁感叹知人知面不知心。听到这句评语，康辰不由得一愣，曾几何时，他也这样感慨过，也曾一度认为自己被假象蒙蔽了，觉得人与人之间除了利益外没有什么是真的。

客户离去后，康辰久久不能平静，他那颗冷酷的心似乎微微发生了变化。有那么一瞬间，他很渴望回到过去——单纯地傻傻生活，怀着巨大的热情去拥抱每一天，相信一切美好的东西。可惜这种想法转瞬即逝，他眼里的光芒很快便熄灭了，他不相信人世间还有真情，坚定地认为人与人之间只有永恒的利益而没有长久的友谊。那一夜，他辗转反侧难以成眠，想了很多很多，第二天早上又恢复了原来的表情，仿佛什么也没发生过一样。

若干年后，康辰的月薪突破了六位数，他成功地为自己谋求到了最大的利益，可是不知为什么，他生活得并不快乐，总觉得生命里好像少了点什么。

现实世界往往会让人很受伤，因为里面有虚假、有阴冷、有狡诈，存在着许多不堪入目的东西，你若太过天真或感性，就难免会遍体鳞伤。你若彻底向现实妥协，不再坚守自我，甘于与世俗的一切同流合污，就会变得麻木不仁、失去人情味儿。如果世界寒了你的心，那就用冷静的理性和美好的感性将它焐暖，不要任由自己沉沦。当你的内心有了暖意，你就会把这份温暖传递给更多的人，传播更多的正能量。

不能过早地亮出底牌

《道德经》有云："鱼不可脱于渊，国之利器不可以示人。"意思是说鱼儿不可离开深潭，治国的利器不可拿来示人，也就是说时机未到就必须沉静下来，不能过早地亮出底牌。可惜年轻人领悟不了这句古训，常常反其道而行之，为了证明自己，让别人能够早点看到自己的价值，像开屏的孔雀一样急着展示身上每一根漂亮的羽毛，盲目地将所有的优点和盘托出，结果不但没能达成目的，还使自己陷入了非常被动的境地。

事实上，过早地暴露底牌，一眼被别人看穿，无异于自寻死路。因为你在展示优点的时候往往也会暴露出很多弱点，无形中降低了自身的价值。我们都知道一个简单的常识，那就是太阳在最亮的时候往往黑子越多。同理，当你如数家珍地罗列出自己的优势时，往往也会把劣势显露出来。

比如你在推销自己的时候，得意扬扬地宣称曾经参加过什么知识大赛、取得了怎样的名次、各门功课如何优秀、基础知识如何牢固，等等，在一定程度上揭示出了你重理论轻实践的事实；再比如你毛遂自荐，主动请缨接受重要任务，为了获得老板的垂青、获得担当大任的机会，毫无保留地将自己的十八般武艺悉数亮出，这样做对你日后的发展是非常不利的，因为老板对你的能耐已经了如指掌，以后会依据实际情况分配任务，不会对你再抱有更大的期待了。

过早地亮出底牌，自行褪下神秘的保护色，以透明人的形象出现在众人面前，等于是给了别人对自己评头论足的机会，这对于你理顺错综复杂的人际关系是非常不利的。有一档叫作《职来职往》的节目，每一名来参加的求职者都不遗余力地亮出了自己的底牌，可最后的结果又如何呢？他们赢得了用人单位的认可了吗？没有，事实证明，越早亮出底牌的人，受到的质疑和非议往往会越多。

可见，过早地亮出自己的底牌既让别人看到了你的优秀，也让别人参透了你身上所有的秘密，随时都可以以你之矛攻你之盾，到时候你会措手不及、无法招架，往往就要吃大亏。所以，初入社会的你千万不要因为听到一点赞美和鼓励就飘飘然，匆匆亮出底牌，不要给老板和上司挑剔你的机会，不要给同事攻击你的机会。记住，有意识地保留一点神秘就等于给自己留了一条退路，沉稳下来，懂得守拙之道，才能进退有余。

毕业于上海复旦大学的杨晓珊，刚刚入职就向大家宣布了自己跟财务部主管的表亲关系，为此赢得了不少注目礼。公司的员工都不敢得罪财务部主管，所以对杨晓珊也分外照顾。看到那些老员工有意讨好和奉承自己，杨晓珊非常得意，她想自己是名校高才生，又是财务部主管的亲戚，谁敢不把她放在眼里？有了这张底牌，就像古人有了丹书铁券一样，自己以后的路势必畅通无阻，谁见了她不都得礼让三分？

而事实和杨晓珊想象的完全不一样，过早亮出底牌给她招来了无数麻烦。每次她工作上出现了纰漏，上司都会毫不留情地挖苦说："你以为自己毕业于复旦大学，又和财务部主管是亲戚关系，就了不起了？就可以在公司里作威作福、不认真工作了？"杨晓珊很委屈地回应道："我没有啊。自从进入公司以来我一直都兢兢业业地工作，为什么我努力的时候你看不到，偏偏就爱挑我毛病？"

"你的优势在我眼里全是劣势。记住，以后千万别拿着鸡毛当令箭，该做什么就踏踏实实地做好。我只看你的工作表现，不看你的文凭，也不管你有什么背景。"上司语气严肃地提醒道。杨晓珊叹了口气，应付了一声："我知道了。"然后便苦着脸继续埋头工作了。

过了一段时间，财务部主管被调到了分公司，杨晓珊瞬间便失势了，同事对她再也不像以前那样热情了。有一天，在洗手间她听到了两个同事在说悄悄话。其中一个说："那个杨晓珊有什么了不起，不就是有一纸光鲜的文凭吗，不就是仗着和财务部主管攀亲带故吗，自己一点本事也没有。现在财务部主管调走了，谁还会忌惮她呢？一个初出茅庐的学生，什么也不懂什么也不会，还自我感觉良好，让人看了就感到恶心。"另一个附和着说："你说的很对，看她那神气劲儿，活像一只到处显摆的开屏孔雀，真是让人讨厌。"杨晓珊听了，气得脸色铁青，她本来想冲到二人面前理论一番，可头脑冷静下来之后决定隐忍不发。她这才后悔过早亮出了底牌，心想假如她不到处显示自己的学历以及跟财务部主管的特殊关系，以正常的方式跟大家相处，也许就不会落得今天这样的下场了。说到底一切都怪自己，实在怨不得别人。

真正的顶级玩家，在玩牌的时候都会毫不例外地把底牌扣住，不到最后时刻绝不把底牌亮出，所以才能做到赢家通吃。而过早地亮出底牌，早早地把撒手锏泄露出去，你的杀伤力也就所剩无几了。由此可见，深藏不露才是上上之策，轻易显露底牌往往会输得很惨。

争强好胜，小心碰头

有的人天生争强好胜，总想把所有人都比下去以证明自己的优秀。看到别人在某些方面出类拔萃，马上便沉不住气了，心中暗暗较劲，把本该同心合作的伙伴当成了一决雌雄的敌人，将所有心思都放到了内部竞争上，千方百计想要超越对手，处处都想压对方一头，在造成团队内耗的同时，又把实力最强的竞争者逼到了自己的对立面上，无形中为自己树立了劲敌。

不可否认的是，人与人之间确实存在着竞争关系，在工作上锐意进取，希望通过自身的努力赶超别人，成为最具核心竞争力的人才，本来无可厚非。但过于强调竞争、缺乏合作精神，对身边的人缺乏最基本的善意，总想通过打压别人来凸显自己的能力，处处逞强，就会给人带来极大的压迫感和威胁感，成为最不受欢迎的"万人烦"。

何晋是一个非常好强的人，无论做什么事情都要争第一，处处都想把别人甩在身后。他文笔很好、思路清晰，写得一手好策划案，在面试环节表现出过五关斩六将的锐气，显得才气逼人，在最短的时间里征服了面试官，成功进入一家大型知名企业。

老板和上司全都对何晋寄予厚望，可没想到他刚刚入职不到两周就做出了令人大跌眼镜的举动，在公司内部掀起了轩然大波。公司最近接了一个大项目，策划案由策划部负责人李斌负责。老板看了新鲜出炉的策划方案以后大体上感到满意，只是觉得有些细节还需要稍加润色，于是就把策划案交到了何晋手上，让他在修辞上略加润色一下。

何晋拿到策划稿以后，非常高兴，连夜加班修改。他想，李斌是公司里数一数二的人才，是策划部的主干，可文稿仍有瑕疵，老板把稿子交给自己，说明对自己分外信赖，自己绝不能放弃这么好的表现机会，一定要让老板认识到自己的才华远在李斌之上。在润色稿件的时候，何晋特别做了大幅度修改，修改过后，行文更加流畅优美，内容也更加饱满了一些，但基本框架没有改变，结构和创意还是延续了李斌原有的风格。

第二天，何晋立即把修改好的策划案交给老板，还刻意发表了一番意味深长的讲话，声称稿子是他连夜加班赶出来的，他付出了很大辛劳，假如还有什么不满意的地方他愿意反复修改，直到改到无懈可击为止。然后又说，通过修改策划案，他感觉自己的能力已经不输李斌，足以胜任更重要的岗位了。面对这种毫不掩饰的邀功行为，老板表面上不动声色，心里却极为不满。李斌已在策划部做了十多年，策划的方案深得客户赞赏，在业界也小有名气，而何晋不过是一个初涉职场的"菜鸟"，就算有点才华也断不能跟李斌相提并论，可他居然想要取而代之，实在是太不自量力了。

何晋并没有猜透老板的心思，一个劲儿地暗示老板给自己升职加薪，老板没有一口回绝他，只是说以后可以考虑。何晋很得意，以为自己早晚会取代李斌，成为公司最有价值的员工。此后每次李斌主笔拟写策划案，他都要暗暗重写一份，事后交给老板做对比，还总是挑李斌的毛病，把李斌拟写的策划案贬低得一无是处。在公开场合，他屡屡质疑李斌的点子，处处跟李斌针锋相对，试图在气势上占上风。李斌有雅量，最初没跟他一般见识，到后来实在忍无可忍，一怒之下就把他辞掉了。何晋马上傻眼了，他这才明白策划部的一把手是李斌，而不是他。他不甘心就这样灰溜溜地被扫地出门，赶忙跑到老板那里哭诉，老板认为一切都是他咎由自取，态度十分冷淡地说："策划部一直都是由李斌来负责的，他有任免权，也有辞退员工的权力，我一般是不加干涉的。"

何晋只好垂头丧气地收拾东西走人，临走时身后响起了一阵嘘声，同事都跟着起哄，热烈庆祝他的离开，他这才明白什么叫作四面楚歌，感到既羞愧又悲伤，恨不能找个地缝钻进去。

很多人认为处处要强，把所有的竞争对手都击败，就能提升自己的身价，成为独树一帜的骨干人物，受到他人的仰慕和雇主的青睐。殊不知，在企业内部，合作的意义要大于竞争，没有别人的鼎力配合，即使你能力再强、业务再精，也终将一事无成。而为了爬上高位，争抢第一把交椅，落得失道者寡助的境地更是不值。

虽然我们生活在一个到处充斥着竞争的社会，但竞争并不是人类存在的唯一形态，不要过分笃信成王败寇的冰冷法则，不要把人际关系的生物链和自然界的食物链混为一谈，任何时候都不要天真地认为只要爬到了链条的顶端就能俯瞰天下，人类社会远比你想象的复杂。最后的赢家未必是最好胜的，也未必是实力最强的，他们之所以能够取得胜利，靠的不是你争我夺的残酷搏杀，而是巧实力和软实力，归根结底靠的是人心与人和两大要素以及令人敬佩的人格魅力。

做人要圆融不要圆滑

我们常听人说应该圆融处世、方正做人。那么，圆和方该怎样和谐统一呢？有人认为这是不可能做到的，所谓的外圆内方完全是个伪概念，人一旦变得圆滑了就不可能是原来的自己了，方正的棱角将全部被抹去。其实不是这样的，圆融和圆滑是两码事，两者仅有一字之差，却有着本质上的区别。

前者懂得变通和包容，但却不失原则；后者市侩庸俗，没有原则、没有操守，一味地曲意逢迎，向别人献媚讨好。圆融的人虽然同守自我，却能发扬利他主义精神，能够时时处处为他人着想，会适时收敛和隐藏自己的棱角，以免碰伤别人；而圆滑的人表面上已经掌握了妥协的艺术，愿意事事遵从别人，实则极为自私自利，看人下菜投其所好，都是为了实现个人的目的。这类人是见风使舵的高手，随时都有可能改变立场，见到利益便会奋不顾身地扑过去，会做出很多伤害他人的事情来。

圆融的人就像水，倒入方的水杯里是方的，倒入圆的水杯里是圆的，无论装到何种容器里都不可能出现排异反应，所以能与不同脾气秉性的人相处。水利万物而不争，圆融者也是如此，他能给他人带来好处、实惠和舒心的感受，而从不计较自己得到的多与少；而圆滑的人就像皮球，别人把他踢到哪里他就滚向哪里，谁力量大他就归顺谁，可以随时掉转方向，被高高抛起时极有可能砸伤无辜者，平时算来算去，不肯吃一点亏，与之打交道，吃亏被算计的总是别人。

杨怡认为，如今这世道方方正正的人已经不如八面玲珑的人吃香了，做人越圆滑越容易得势，没有必要死守原则，也不必过于正直。他不要求自己做一个"三观正确"的圣人，甚至不要求自己做一个堂堂正正的好人，觉得无论黑猫白猫，能抓到老鼠就是好猫，只要能够快速成功就可以了，根本不必在乎采用了什么手段。他想，人们只会对成功者顶礼膜拜，没有人会深究背后不光彩的历史。

杨怡非常擅长察言观色，知道见什么人该说什么话，嘴巴像抹了蜜一样甜。凭借着过人的交际手段，他成功获得了上司的青睐，工作不到两年就被提拔为中层管理者。自从坐稳了中层管理者的位置以后，他便开始欺上瞒下，利用各种手段压榨基层员工，剥夺对方应有的福利，最大限度地为自己争取利益。在向上级汇报工作的时候，总是报喜不报忧，专挑好听的说，把大问题说成小问题、把没有达到的目标说成已经顺利完成了，措辞故意模糊化，给自己留下了很大的回旋空间，方便日后推卸责任、为自己辩白。

杨怡虽然做了不少损害别人利益的事，很多人都对他恨之入骨，但大家并没有撕破脸，双方都在致力于维持良好的表面关系，谁也不想把那层窗户纸捅破。对于下属，他也不是一味地欺压，有时还会施加点小恩小惠笼络人心，不想把关系搞得太僵；对于上级，他也不是一味欺骗，偶尔也有真情流露的时候。从表面看来，杨怡确实做到了上下通吃，在与他人相安无事的情况下，从不同的人身上捞到了不同的好处，而其实事情并没有那么简单。上司早就对他的谎话产生了怀疑，下属早就不想死心塌地地追随他了，公司上下都一致认为他是害群之马，想把他驱逐出去。

后来上司想了一个主意，为其下达了一个新目标，还采用激将法迫使他立下了军令状，杨怡拍着胸脯说保证完成任务，要是做不到就任由上级处置。而到了月末，杨怡并没有完成目标，上司以此为由将他开除了。公司上下一片欢腾，大家无不拍手称快，杨怡这才知道别人到底有多么厌恶自己。

圆的可塑性很强，它灵活机动，可以巧妙地绕开障碍，避免与其他物体发生碰撞。圆融的人深谙此道，所以能在坚持原则的条件下最大限度地避免冲突，既不伤害别人，又不扭曲自己，愿意和和气气地待人。而圆滑的人则不然，其本质是虚伪和丑恶的，他平时屏声敛气、八面讨好，都是为了实现某个不可告人的目的，对于这样的人我们必须要提高警惕和多加提防。

在感叹世风日下、人心不古之后，千万要懂得冷静，不能舍弃圆融的处事之道，更不能向圆滑的人学习，要知道无论世道人心怎么改变，黑白都不可能完全颠倒过来。圆融正直的人能得人和，无论历经多少坎坷终能走出一条康庄大道，而圆滑卑劣的人早晚有一天会失去人心，终有一天会为自己所做的事付出代价。我们看待问题不能只看眼前，从长远来看，做一个圆融的人一定会比做一个圆滑的人明智。

固执己见是不能沉着的表现

一个人如果自视甚高，在听到不同的声音时往往不能沉着，非常容易与周围的人发生摩擦。有的年轻人喜欢一意孤行，拒绝采纳别人的建议，一味按照自己的意志行事，经常和上司、同事争论短长，试图让对方接受自己的观点，表现得非常固执，被评价为冥顽不灵，得罪了很多不该得罪的人，丧失了很多重要的发展机遇。

有时候固执己见、过分强调个人意志，就是不能沉着的表现。任何一个领域的佼佼者，即便树立了自己的权威，也照旧要倾听别人的声音。古代的帝王尚且能够广开言路、听从忠臣的逆耳之言，科学界的泰斗在有了重大发现、提出颠覆性的理论之后尚且要忍受质疑的声音，作为一个新手实在没有必要坚持己见。你的固执不会给你带来任何好处，只会让你失去良多。

在客户面前，你固执己见，无视对方的要求，就会丧失签订订单的机会；在上司面前，你固执己见，无视对方的命令，就会被冷处理，丧失晋升的机会；在同事面前，你固执己见，完全不把对方的话放在心上，就会与人交恶，引来无数的纷争。

韩亮是一个很有想法的设计师，平时非常有主见，性格比较强势，只要是他认定的事情，任何人劝说都无效，他总能从专业的角度出发说服反对他的人，即便说服不了对方，他也绝不会修改设计方案。有一天，他花了一个多小时设计出了一个标识，并用了整整两个小时试图说服所有人接受自己的设计方案。他说得口干舌燥，别人听得云里雾里，结果只有1/3的人勉强认可了他的设计，团队中的其他人都觉得这个方案不妥，需要做出调整和修改。

韩亮不服气，声称不愿再跟那群不懂设计的人浪费唇舌了，直接找到设计总监理论。设计总监看了看，态度中肯地说："你这套方案虽然符合美学标准和艺术审美，但是与基本的商业理念相背离，不适合传播。这样吧，我先把它发给客户，看看对方怎么评价。"第二天，设计总监主动找到韩亮说："我跟客户沟通过了，客户跟我的看法是相同的，觉得你设计的标识不能突出产品的特点，辨识度不高，不符合商业传播的理念，所以不予通过，希望你能重新设计出一套方案来。"

韩亮听了，不以为然地说："客户懂什么，他们只知道什么叫市场，根本就不清楚什么叫设计。我觉得我们不能一味听从客户摆布，而应该站在设计师的立场去说服客户。"设计总监说："设计本身就是艺术与商业的结合体，我有艺术视角和设计知识，客户有敏锐的市场嗅觉，既然我们都认为这套方案不成功，那说明它确实存在问题，你回去好好斟酌一下，争取拿出更好的方案来。"

韩亮还是坚持自己的那套看法："我觉得没有什么不妥之处，你们不欣赏我的设计，并不意味着它就是败笔。"设计总监只好说："好吧，标识设计的工作我会吩咐其他设计师来做，你帮着把把关就行了。"

韩亮不甘心被踢出局，总是干涉他人的工作，想方设法说服同事按照自己的要求设计标识，同事觉得极为不妥："总监跟我说，你原来的那套方案客户不认可，我必须设计出全新的东西来，不能按照原来的思路设计标识。""你在原来的基础上稍微改改就行了，没有必要推倒重来。"韩亮又说。同事不胜其烦，不想和他理论，继续埋头做自己的工作了。

设计总监得知韩亮的所作所为之后，为了不让他干扰别人的工作，又给他分配了其他任务，让他给产品说明书配置插图。韩亮为了凸显自己独特的设计风格，把关键数据全都设置成了夸张的字体，文案看了很不满意："你这样处理数字，数据全都看不清楚了。这样一来，文案就没有说服力了。"韩亮说："有些数据不过是装饰，不一定都要看清楚。""每一个数据都必须清清楚楚。"文案再次强调道。

韩亮不予理会，坚决不肯对数据的字体做出合理修改。文案很恼火，直接把相关情况反映给了设计总监，设计总监彻底失去了耐性，语气生硬地对韩亮说："这里是公司，你不能由着自己的性子胡来。如果你改不了自以为是的毛病，那就请另谋高就吧。"韩亮半晌没有吭声，默默地把数据的字体全部修改了。

在我们身边，从来就不乏这样的悲情人物：虽然看上去并不愚钝，却非常爱犯一些低级的错误，总是执拗地坚持那些不成熟的见解，任别人怎样苦口婆心地劝说也不肯悔改，即便受尽冷遇、处处碰壁，被撞得头破血流，依旧不肯回头。那么，他们为何要那么做呢？原因在于，有的人惯于把自己的想法当成真理来维护，不愿意做出任何妥协和让步，反对声越大、阻力越大，他们的意志越是坚定，宁愿在错误的道路上狂奔也不愿低头认输，这类人往往比故步自封、顽固守旧的人更不受欢迎。

为了争一时之气而坚定不移地维护谬误，是一种极其幼稚的表现，不符合最基本的生存之道。真正的聪明人既能充分表达自己的意见，又懂得尊重别人的建议，为人处世讲究分寸，绝不充当"怪咖""异类"的角色，故而能够与他人和谐相处。而只从自己的喜好考虑问题，毫不理会团队的利益和他人的想法，往往会给人留下自私、怪诞、不可理喻的糟糕印象，很容易被踢出局。

别把"鲁莽"当"勇敢"

不能沉着的人最大的特点就是个性鲁莽，所谓的鲁莽就是逞匹夫之勇，行事轻率，做事欠缺考量。在生活中，很多人误把鲁莽当成勇敢，以为一味蛮干、不计代价地横冲直撞就能闯出一片天地，却不知道这样做的后果有多严重。

勇敢和鲁莽的区别在于，后者是出于一种本能的冲动而没有明确的方向感，心中没有畏惧，喜欢不顾后果地去从事一些没有益处的事；前者有着清晰的目标，不盲目不慌乱，知道自己在做什么，知道该怎样去应对严峻的挑战，会采取一些稳妥机智的办法处理危机，关键时刻能挺身而出，对于没有把握的事情从不轻举妄动。

我们可以从一条鱼的遭遇来判断勇敢和鲁莽的差别。一条鱼为了寻找充足的食物，找到更适合生存繁衍的栖息地，长途跋涉、逆流而上，越过了浅滩和激流，一路躲避天敌水鸟和漫天撒下的渔网，历经千难万险终于抵达了目的地——水的上游。可惜它还没有来得及雀跃欢呼，就被一股寒流冻僵了，瞬间变成了一条"冰鱼"。该怎么样评价这条鱼呢？它的行为又该如何定性？它曾经不惜一切、不畏艰险，冲破重重阻力，奔向心中向往的地方，可惜因为事先没有规划好，路线错误，不仅没有抵达食物丰富而又温暖的海洋，反而因为赶往寒冷的水域而失去了生命。毫无疑问，这条鱼的行为是鲁莽的。

其实，我们人类并不比这条可悲的鱼聪明多少，有时也会因为盲目的自负，犯下很多错误，造成各种恶果。鲁莽的人过分相信自己的力量，过分相信自己的判断，喜欢一意孤行、一条道跑到黑，往往会进入死胡同。而勇敢则不然，人在深思熟虑后方能勇敢，勇敢既不是耍狠斗勇，也不是盲目逞强，更不是为了证明自己而率性妄为，它是一种沉着而又理智的行为，体现的是一种令人敬佩的可贵品质。我们不能把勇敢和鲁莽相混淆，更不能用勇敢的外衣包装鲁莽的行为，而应当踏踏实实走好脚下的路，该出手时就出手，紧要时刻懂得冷静、不退缩，绝不充当懦夫的角色。

赵羽是一个性情鲁莽的人，往往没有考虑好就开始盲目行动。他觉得作为一个顶天立地的男人，要想取得巨大成就，就不能婆婆妈妈，有了想法就必须马上行动，绝不能让别人抢先。在一家餐饮企业干了两年之后，他荣升为经理，被派往新城开发区开设分店。分店刚刚装修完毕，他便向员工们下达了目标，要求在一个月之内将分店的营业额与市区餐厅的营业额追平、两个月内赶超市区餐厅的营业额、三个月内将营业额提升 20%。

员工都觉得赵羽设定的目标不切实际，认为这样蛮干下去很有可能给餐厅带来重大损失。一些老员工为了企业的长远发展着想，提出了反对意见，赵羽一怒之下居然将他们全都辞退了，要求留下来的员工无条件地服从自己的命令。由于对新市场一点都不了解，赵羽犯了很多低级错误，他所带领的团队遇到了很多常人想象不到的困难。员工们都很泄气，而赵羽却越挫越勇。他花高价雇用了好几个来自五湖四海的顶级厨师，研制开发出了一系列新品工作餐，亲自带领手下的员工跑到写字楼逐门逐户地推销。

由于新品价格太高，大多数上班族都难以承受，所以新式菜品没有打开销路。赵羽认为可能是之前的定位有问题，于是就把目标客户群锁定在了高收入的白领阶层，紧接着便带着员工风尘仆仆地前往高档写字楼推销，一些白领抱着尝鲜的心态购买了他们的菜品，不过并没有成为长期客户。而多数人还是比较偏好家常菜，对于那些花样百出的新品兴趣不大。其中一位白领说："你们的餐品虽然很有创意，但我们实在消受不起。我们平时很忙，工作压力又大，希望在用餐的时候精神能完全放松下来，不能像品读诗篇或是欣赏音乐那样品尝创意餐品，这点还需你们理解。"

赵羽想或许应该把这些餐品推销给有钱有闲的富人，于是为了吸引目标顾客群，他又花了不少钱装修餐厅，升级里面的配置，将所有的餐具都换成了镀银的，把餐厅布置得金碧辉煌，可是店里依旧冷冷清清，来消费的人始终不多。他这才知道，在新城，大多数有钱有闲的富人都喜欢在家中用餐，偶尔才会到外面吃饭，于是他又雇用了很多送餐员送餐。折腾了一段时间，销路依旧未能打开，原因在于，餐品最初的定位是工作餐，不符合目标顾客群的口味。赵羽忙来忙去，花费无数，却什么也没干成。总部领导很恼火，二话不说就把他辞退了。

匹夫之勇不为勇，它是鲁莽的表现，只有头脑简单、四肢发达的人才会推崇这种血气之勇。懂得冷静的人会选择三思而后行，在该奋勇向前的时候一定会高歌猛进，而在时机不适宜、条件不成熟或目标不明确时绝不会肆意妄为，只有这样，才能避免一些不必要的损失。

做人不能太任性

在生活中，我们常听人说现在的年轻人太任性，遇事不能冷静，平时想怎样就怎样，非常自以为是，从来就不考虑自己的行为会造成什么影响，也不在乎个人形象与周围环境是否和谐搭调，只在乎自己高不高兴。这是为什么呢？

答案很简单，在这个推崇个性的时代，每个年轻人都想活出与众不同的自我来，为了标榜个性，刷新存在感，证明自己是独一无二的存在，他们想方设法标新立异，染发、文身，穿奇装异服，在身体上打洞，戴着银光闪闪的手链、脚链招摇过市，张口闭口都以"我"字为开头，毫无顾忌地展露自己的真性情，以为这样很酷。

个性张扬的年轻人面试时很容易被贴上任性的标签，然后被直接"pass"掉，就算侥幸躲过了面试官挑剔的眼光而顺利被录取，以后的日子依然会步步惊心。毕竟不是所有人都能包容那些不和谐的元素，作为一个新手过早地鹤立鸡群绝对不是件好事。

少不更事的年轻一代普遍不明白，自己只是想保留个性而已，为什么会被解读成任性，为什么不被社会所容？个性和任性的界限究竟在哪里？有的人受到批评指责马上便不能再沉着，认为上司和老板是在有意抹杀自己的个性，而事实果真如此吗？当然不是。不是社会包容不了个性，而是由于心智不成熟的你曲解了个性的含义。个性是指一个人在行为方式、思想意志、个人偏好等方面有别于他人的鲜明特质，它是一种内在的东西，每个人都生而有个性，无须通过一些夸张的外在形式来刻意标榜。任性是指只按照自己的想法行事，我行我素，做事不考虑后果、不在乎他人的感受，这种做法当然不受别人欢迎。

把任性当成个性，就会处处碰壁。社会能包容大多数人的个性，但却从不纵容任性。企业不是个人秀场，它需要的是成熟、稳重、实干的员工，而不是那种特立独行、与企业文化格格不入、不能融于团队的新新人类。如果你不能适应环境，就会被大多数公司拒之门外，即便跌跌撞撞迈进了某家企业的门槛，也会因为表现失当而不断受到打压与排挤。

张琦是一个毕业于名校的高才生，履历光鲜，文凭过硬，专业又好，像他这样出类拔萃的年轻人理应成为各企业竞相争抢的人才才对，可是毕业大半年了，竟然没有一家企业愿意跟他签约。在试用期结束之前，不是企业解雇了他，就是他任性裸辞，奔波劳碌了大半年依然没找到一处立锥之地。

张琦工作能力尚可，基本上没有犯过令人难以容忍的错误，之所以不被企业接纳，主要是因为他太任性，与周围的环境极不协调，还频频与上司、同事发生冲突，不能配合他人的工作。有一天，公司派他去洽谈业务，他穿了一条带洞的牛仔裤和一双人字拖便摇摇晃晃地出场了，言行极为随意，给对方留下了非常不好的印象。事后经理严厉批评了他："在这么重要的场合，你就不能穿正装吗？你代表的不是你自己，而是公司。"

张琦不服气地说："我只代表我自己。公司是公司，我是我。"经理说："一个员工能反映出企业的精神风貌，就连这点道理你都不懂吗？""我不懂。"张琦任性地梗着脖子，就是不肯认错。经理彻底失去了耐性，索性将他打入了基层，从此，再也没派他洽谈过业务。

张琦很是郁闷，索性破罐子破摔，工作态度越来越差。由于自视甚高，他不屑于与基层员工为伍，每次分配工作都非常不配合，平时员工聚会也不参加。大家都觉得他很狂妄，全都很讨厌他。

张琦却满不在乎，继续我行我素，他把大部分时间和精力都放在了打扮上，每隔几天就换一次发型，时而偏分，时而中分，时而打着发蜡，把头发抹得油光可鉴，上班时间不肯穿工作服，无聊的时候就唱歌或玩手机，同事提醒过他好几次，让他收敛一点，而他却振振有词地说："这就叫个性，人年轻的时候必须有个性才叫活着，你懂不懂？"由于不听劝告，总是任性妄为，张琦越来越不受欢迎，最后在公司裁员的时候第一个被裁掉了。

请记住，恪守规则永远比放纵不羁受欢迎，有时候只有适度地约束自己才能体现出一个人的教养以及最基本的职业素养，这样做不但能够帮助你赢得上司和客户的好感，还能让你更好地融入到群体之中，依靠集体的智慧和资源取得更大的成就。反之，你就会失去平台和资源，成为所有人都讨厌的对象，失去安身立命的场所。

你可以保留自己的个性，但不能太过任性。在家里，父母视你为掌上明珠，可以包容你所有的毛病和缺点；在学校，老师和同学宽容大度，从不与你计较；到了社会上，环境发生了翻天覆地的变化，别人不会容忍你不合时宜的行为，更不会任由你骄纵任性，你若不肯改变、继续放任自己，必将赌上一辈子的前程，永远都不会有出头之日。

第五章
拥有平和心态，
让躁动的心安静下来

古人说，静心以养性，宁静以致远。在浮躁的社会环境中，涵养一点静气更容易胜出，以静制动、动中求静，方能稳操胜券。静心者拥有独立思考的能力，知道什么事可为、什么事不可为，不随波逐流、不参与无聊的争斗，能忍别人所不能忍之痛，能安下心来默默发力，专心致志地做好眼前的事，故而可以达到别人所达不到的高度，取得傲人的成就。

人还是稳健一点好

我们常用坚如磐石、稳如泰山来形容一个人不可动摇的意志，那么磐石和泰山为何能如此坚实稳固呢？它们为何历经风霜雨雪的侵蚀、饱受岁月的磨砺，依旧能够岿然不动？主要是因为它们根基足够稳固，有了稳定的根基，便永远都不会轰然倒下。其实人也一样，一个人若是懂得冷静，拥有沉稳的个性和坚不可摧的意志，那么无论经历多少风浪都不会被撼动。

不可否认的是，懂得冷静、大风大浪面前依旧能稳如泰山的人都是饱经沧桑之人，少不更事的年轻人是很难做到这一点的。年轻和激进常常被捆绑在一起，很多人认为，谁没有过狂热激进的青葱岁月谁就没有过青春。当然，激进有激进的好处，比如敢于冒险敢于大跨步探索，可是激进也有副作用，比如不计后果地做出激进的举动之后蒙受了巨大的物质损失或是遭受了沉重的精神打击。无知无畏状态下的激进，有时会让人坠入万劫不复的深渊。

坦白地说，人还是稳健一点好，稳健意味着可控性强，意味着能以平和的心态应对一切挑战。人的成长就是一个由激进到稳健的过程。每个人都年轻过，都有过一段激进的岁月，不知道天高地厚，以为整个世界都在自己脚下，等到跌倒了无数次、爬起来无数次之后心态就会平和许多，行为也会收敛很多，这是时间、阅历送给我们的最好礼物。

李璐从小就渴望走出封闭的小县城去看看外面的世界。长大之后，他如愿以偿地走了出去，却再也找不到回家的路。

自从来到繁华的大都市后，他就彻底迷失了。他不甘心永远这么不名一文，每天都在想着该如何快速地出人头地。他想靠学历找一份四平八稳的工作或是靠卖力气打工都不是长久之计，只有用尽全力折腾一下才能搏出属于自己的天地。天底下到处都是穷困潦倒的高学历人才，到处都是默默无闻的打工者，这些人永远都不可能有出头的机会。作为一个来自小县城的普通青年，他要想拥有属于自己的事业、属于自己的房和车，就必须走创业这条路。

李璐认为自己一无所有、一无所长，除了年轻有激情什么都敢尝试外，几乎没有任何优势。除了自主创业，他想不出更好的发展方向。他的朋友吴俊达也打算创业，想要筹资开一家餐厅。虽然都想创业，但两人的想法却截然不同。吴俊达采取的是稳健保守的策略，计划先到餐厅打工，把各个流程全部熟悉之后再尝试自己开餐厅。而李璐却不认可他的想法："等你把各个环节都弄清楚了，黄花菜都凉了，你为什么不一边创业一边积累经验呢？"吴俊达说："我觉得先了解情况再创业比较稳妥，免得日后走弯路。什么都不懂就上手蛮干，不知要做多少蠢事呢。"

李璐说："这也难怪，你比我大八岁，人比较老成，做事趋于保守，喜欢稳扎稳打。我和你不一样，我没有耐心等到万事俱备再行动，没有条件我自己创造条件也要上，就算创造不出条件我也要上。我没有那么多时间去等待，必须要马上大干一场，赢要赢得轰轰烈烈，输也要输得痛痛快快。"

就这样，就在吴俊达利用打工时间摸索开餐厅的道路时，李璐已经开始放手大干了，他将父母二十多年的积蓄悉数拿来作为创业资金，在市中心的繁华地段开设了一家高档时装店。他以为凭借一腔热情和不惜一切的蛮干精神就能换来事业的成功，然而事实却不容乐观。由于竞争激烈，他的生意并不好。服装店的盈利能力比较差，但店铺租金贵，服装进货成本又高，服装店几乎月月亏损，不到半年就歇业了。

第一次创业，李璐血本无归，瞬间便陷入了贫困潦倒的境地，不得不住地下室、吃盒饭，日子过得凄凄惨惨。有一天，他在地下室里观看新版《三国演义》，播放的内容是诸葛亮最后一次出祁山，设下埋伏将司马懿父子围困在山谷中，眼看就要把劲敌烧死了，孰料忽然天降大雨，使得计划功亏一篑。诸葛亮仰天长叹："天不助我，助尔曹！"看到这里，李璐不禁涕泗横流，顿时把自己创业失败的经历和诸葛亮的壮志未酬联系到了一起。他想一个人纵使再有本事，若是时运不济，一样会输得很惨。

当他把这份心得分享给好朋友吴俊达的时候，吴俊达不以为然地说："这和时运没有什么关系，你太冒进了，做事欠缺考量，这才是你创业失败的原因。"一年之后，李璐仍然待在地下室里吃盒饭，而吴俊达的餐厅却开业了，而且生意非常火爆。李璐这才相信吴俊达一再强调的稳健策略，不再为自己的失败做任何辩解了。

任何时候都能保持"八风吹不动"的稳重，是一个人成就大事的法宝。人只有懂得冷静，才能静得下心，把事情做好。比起躁动不安来，心如止水更有助于我们做出正确的决策。人唯有拥有平和宁静的心态，才能稳步前进，一步一个脚印地走向人生之巅。

能忍也是一种能力

　　一个人要想有所作为，就必须有韧性有耐力，能够忍受别人所不能忍之痛、承受生命所不能承受之重，关键时刻能咬紧牙关、懂得冷静，以超乎想象的毅力战胜一切苦厄。能忍也是一种能力，河蚌正因为忍受了沙粒的磨砺之苦，才孕育出了光彩夺目的珍珠；生铁正因为忍受了千锤万凿的捶打和炼火的煅烧，才成为寒光凛冽的锋利宝剑；蝉正因为忍受了数十年不见天日的黑暗，才拥有了短短几十天的光明，谱写出了生命中最美的赞歌。人亦如此，唯有在隐忍中奋进，不抛弃不放弃，才能走向胜利的终点。

　　当你身无所依、一无所有，没有任何资本的时候，唯一可依仗的就是忍功。前方的道路不可能铺满鲜花，倒可能布满荆棘；你的脚下没有坦途，只有坎坷崎岖的羊肠小道；这一路没有掌声、笑声相伴，却可能遭遇不少非议和白眼。这些遭遇都是不可避免的。没有人可以随随便便改写命运，想要有所成就就必须懂得冷静，受得住煎熬，禁得住考验，能够把苦难孕育出果实来。

　　刘宏裕和王炎斌从小在同一个街区长大，前者出身商贾世家，自幼锦衣玉食，所有的路都被父母安排好了，自己用不着奋斗就已经有很高的起点；后者家境贫寒，十岁时，母亲去大城市打工，从此便再也没有回来。他和父亲相依为命，日子过得十分清苦，勉勉强强读完了大学，毕业之后找到了一份普普通通的工作，成了办公室里的一名小职员，所得薪水勉强够糊口。

刘宏裕曾经问王炎斌："这些年你是怎么熬过来的？没有母亲的陪伴，没有一个完整的家，家里又那么穷，毕业之后又找不到好工作，未来一点希望都没有。如果我是你，非疯掉不可。"王炎斌淡淡地笑笑说："我也没有什么法子，就这样咬牙熬过来了。除了忍耐力强以外，我再没有别的本事。"刘宏裕说："忍算什么本事，能不忍就不要忍。人本来就是趋乐避苦的，谁愿意甘心忍受痛苦呢？我只想随心所欲地活着，避开一切我不想要承受的事。"王炎斌叹息着说："也许你有那样的条件，但我没有。我唯有把自己磨砺得更顽强，才能更好地活着。"

按常理说，刘宏裕未来的发展要比王炎斌好得多，可事实并不是这样。刘宏裕由于从小到大从未经历过挫折，承受能力特别差，遇到一点困难就退缩，导致长期止步不前。后来他的父亲做生意蚀了本，没有能力再为他提供任何援助，他只能靠自己了。他的老板以前由于和他的父亲存在生意上的往来，一直对他照顾有加，如今两人合作关系终止，老板对他的态度也越来越差，随时都有可能将他赶出公司。刘宏裕气不过，一怒之下便辞职了，本想回到家族企业工作，不料父亲却不允许，理由是家族企业已经在走下坡路了，也许坚持不了多久就会破产。父亲鼓励他自谋出路，他委屈至极："我不想灰头土脸地找工作，不想像货物一样被人挑选，那样的日子我过不了。"此后的日子，他每天都借酒消愁，成了人人所不齿的酒鬼。

而王炎斌经过数年的奋斗，由一个默默无闻的小职员晋升到了管理层，生活得到了极大改善。有一天，他在街上偶然遇到了失魂落魄的刘宏裕，看到对方颓废到了这般境地，不由得感到难过。刘宏裕感慨道："想不到你小子熬出头了，而我却落魄到了这般地步。嗨，这真是造化弄人啊。我不像你，能够在逆境中倔强生存，什么苦都能吃。我不行，我从小就是在蜜罐里泡大的，经不起风吹雨打，我想这辈子也就这样了，我怕是永远也振作不起来了。"王炎斌安慰他说："不要那么悲观，糟糕的日子咬咬牙就过去了，有道是否极泰来，只要你不放弃，随时都可以重头再来。"而刘宏裕则没有那么乐观，他太了解自己了，如今他对未来不再抱任何希望，只想把所有的烦恼都溺死在酒精中。

陷入逆境，不愿忍受磨砺之苦的人，永远不能蜕变成长。要想挣脱生命的枷锁、扼住命运的咽喉，就不能任由自己软弱，要有咬碎钢牙和血吞的决绝，要敢于砸碎束缚住自己的铁链，在绝望中寻找希望，在逆境中寻找新的契机，愿意奋战到底，直至取得最终的胜利。

有的人认为只有时运不济的人才需要历经艰难困苦、奋斗不息，而条件优越的人来到这个世界上就是为了享乐的，根本不用承受磨难，何必自讨苦吃呢？这种观点显然太过偏颇了，没有人生来就该受苦，也没有人生来就该享福，条件再好同样也要忍受生老病死之苦。人生既有顺遂之时，也有失意之时，谁又能轻轻松松潇洒一辈子？你只有练就了坚忍的品性，能忍别人所不能忍，才能成功渡过一个又一个难关，到达常人所不能到达的高度。

学会随遇而安

达尔文说，物竞天择，适者生存。他告诫我们一定要主动适应环境，而不要强求环境反过来适应我们。人生在世，总有些事情是我们所不能掌控的，客观世界中到处都有着不可抗拒的力量，有时候我们必须要学会适应，学会随遇而安。但凡懂得冷静的人皆能随遇而安，无论身处何种境地都能安之若素，而不能沉着的人则没有勇气面对不可更改的现实，为了寻求更轻松的生活，他们宁愿随波逐流。

随遇而安和随波逐流是两种截然不同的选择。前者能以超然的心态坦然接受不利的处境，在任何境遇中都能自得其乐，而后者指的是追随潮流而动，盲目地追随众人的脚步，没有自我、没有独立的人格，自愿沦为庸庸大众中的一员。能够随遇而安的人就像蒲公英，风把它吹向哪里，它就在哪里落地生根，不管周围的土壤有多么贫瘠，也不管光照、湿度如何，它总能开出花来；倾向于随波逐流的人就像飘舞的柳絮、漂浮的浮萍，随风起起落落，飘荡不休，永远都找不到扎根之地。不能沉着的人是没有根的，所以才不能学随遇而安的蒲公英，而只能效法空中的飞絮、水中的漂萍，这是多么可悲的事啊！

杨乐姗是一个非常开朗活泼的女孩子，既爱讲笑话又爱唱歌，经常把大家逗得哈哈大笑。这种人见人爱的甜心，在所有人眼里都是活宝，是很容易被记住的。无论是老板还是主管，都对她青睐有加，每当公司举办活动第一个想到的人就是她，平时聚会最活跃的人也是她，无论她走到哪里都能带来欢声笑语。

王娅楠的性格和杨乐姗截然相反，她平时少言寡语、不苟言笑，中午吃饭的时候总是一个人默默坐在不起眼的角落里，存在感非常弱。入职大半年了，很多同事还都不知道她的名字。这种老实人注定不会引起关注，注定会被遗忘被忽略。她每天安安静静地做事，像老黄牛一样任劳任怨。刚刚完成任务，领导又交给她一大堆工作来做，她二话不说就开始埋头做事，从不计较谁做得多谁做得少。其实，她是一个很有灵性的女孩子，只是别人没发现而已，她对业务特别熟悉，任何一个与业务相关的知识她都了如指掌，若是有人考她，她定能脱口而出。

由于不爱说话，性格太过老实，王娅楠没有受到应有的重视，为此她十分苦闷。而杨乐姗能力平平，除了会搞笑以外并不擅长什么，工作上拈轻怕重，没有什么过人的表现。可即便如此，她仍然是大家眼中魅力无敌的甜心。王娅楠觉得这很不公平，她这才意识到默默无闻的老实人从来就不是主角，特别会装傻充愣的"傻白甜"、风风火火的霸道总裁、漂亮聪慧能说会道的女白领，头上都有主角的光环，而勤勤恳恳、默默耕耘的老实人连配角都算不上，最多算是跑龙套的。这种龙套角色要多苦有多苦，活儿干得最多，汗流得最多，但升职加薪的事却总是与其无缘。做得越多，犯错的概率就越高，受批评的次数就越多，到头来还不如少做或不做。

王娅楠愤愤不平，觉得老实人永远都不会被善待，于是决定随波逐流，不再老老实实地傻干，要效法偷工减料的杨乐姗那样少干活多说话，把所有人都哄开心。她想，如今这个世道就是这样，油滑的人通常能混得风生水起，而默默苦干的人不管奋斗多少年都不能与之相提并论。既然如此，我又何苦坚守自我，干脆也变成滑头好了。王娅楠花了很多时间来研究杨乐姗，把对方的搞笑本领全部学了过来，做事越来越不上心。她的确赢得了关注，以前同事都不爱搭理她，而现在全聚在她周围听她讲搞笑的段子，她成了公司里除杨乐姗之外的第二个搞笑高手。

转眼两个月过去了，老板终于忍不住找她谈话了："小王，你现在比以前开朗多了，不像原来那么压抑了，这是好事。可是不知为什么，你做事不如原来卖力了，你能向我解释一下具体是什么原因吗？"王娅楠不方便直言，随便找了一些托词搪塞老板，以为可以蒙混过关。然而，老板毕竟见多识广，立刻便拆穿了她的谎言："小王，你没有说实话，我真为你感到惋惜。你是个很有潜力的员工，以前虽然不爱吭声，但总能把该干的活儿干好，把事情交给你做我很放心，本来打算提拔你做总经理助理，可惜你现在不在状态，我只能另外物色人选了。"

王娅楠一听后悔不已，她原以为自己的付出老板从来都没放在心上，没想到她所做的一切老板都看在眼里，她后悔没能坚守住自己的底线而选择了随波逐流，眼看着大好的机会白白溜走。

智者随遇而安，愚者随波逐流。人若是缺乏随遇而安的智慧，就会陷入到无休止的挣扎中而难以自拔。懂得随遇而安的人是有福的，这样的人无论经历过多少浮浮沉沉、见过多少风云变幻都不会被磨难压垮。不甘于随遇而安，一心想着随波逐流，违背内心，完全遵从世俗，就会丧失掉独特的个性以及自身独有的芬芳，最终褪去了棱角，学会了矫饰和浮夸，沦为没有任何特点的庸人。

要做到临危不乱

明代有个叫吕得胜的人说："一切言动，都要安详；十差九错，只为慌张。"意思是人在慌乱的情况下往往会错漏百出、诸事不成，唯有懂得冷静、镇定之道，方能使事态向着有利于自己的方向发展。可见，一个人能不能经受住考验、日后能否有所成就，要看他关键时刻能不能稳住阵脚、随机应变。

面对突发事件和紧急情况，你是否能够保持冷静并做到临危不乱呢？怕是大多数人都做不到这一点。有的人遇到一点小事就慌慌张张、不知所措，仿佛世界末日来临了一样，而如果遭遇重大变故当然更慌乱了，根本就无法应对危机。很多时候，打败你的不是突如其来的变故，也不是从天而降的危机，而是你的紧张和慌乱。心越慌你越想不出应对之策，越着急步伐越凌乱，反而会使问题更加复杂化。

费鸿和胡睿在同一家公司上班，两人都已人到中年，好不容易熬到了中层管理者的位置，收入达到了中产阶级水平。不料天有不测风云，公司发展进入了瓶颈，眼看就要被收购了。老板一边积极寻找投资人，希望能够力挽狂澜，一边做好了最坏的打算，四处寻找买主。那段时间公司里人心惶惶，四处弥漫着一股紧张压抑的气息。费鸿仿佛什么事情也没发生似的，照常上下班，而胡睿则慌了神，整天心烦意乱，根本就没有心情做事了。

终于有一天，老板正式宣布公司将被竞争对手全盘收购，届时免不了要经历改组、裁员的阵痛，希望大家不要太过慌乱，只要是人才，经过大浪淘沙的筛选之后都能留下来。胡睿心想：竞争对手的老板只信任企业内部的核心员工，根本不可能重用原来的领导层，他铁定是要被裁掉了。一想到人到中年还要到人才市场上找工作，他就心烦不已，觉得以自己现在这个年龄找到理想工作的概率几乎为零。为了保住饭碗，胡睿费尽了心思，平时邋里邋遢的他现在忽然讲究了起来，把自己装扮成了西装革履的商务人士，他极力想给新老板留下一个好印象。

两个月后，大规模的裁员开始了，下岗的人越来越多，办公室越来越宽敞，氛围越来越冷清。很多员工都跳槽了，留下来的人暂时没有更好的去向，大部分持观望态度，随时准备离开。胡睿心想，不到万不得已他是不准备离开的，他已经过了黄金年龄，如今仍处在不上不下的尴尬位置，若是再换一个环境恐怕是很难适应了。每当看到同事被解雇、收拾东西黯然离开的时候，胡睿的心情都无比复杂，他在庆幸之余又感到分外紧张，生怕下一个轮到自己。

胡睿每天都提心吊胆、心神不宁，每每看到别人离去心中都会生出一种兔死狐悲的悲怆感，作为旁观者，他受了不少打击，整个人都憔悴了下来。他不明白费鸿为何还能如此镇定地继续做事，于是就在午餐时间问道："你为什么仿佛置身事外似的，一点也不关心周围的情况，难道你不担心自己被裁掉吗？"费鸿不动声色地说："担心有什么用呢？我们现在唯一能做的就是在一天就做好一天的工作，其他的就交给老天吧。""你冷静得可怕。真是太让人难以理解了。你我基本上算是同龄人，咱们都不年轻了，现在到人才市场上竞聘一点优势也没有。我真搞不懂，都到火烧眉毛的时刻了，你为什么还这样淡定呢？"胡睿问。"不淡定又能如何？你慌里慌张就能成功渡过难关吗？人只有在冷静的状态下才能想出更好的法子啊。"费鸿说。"你一直都挺冷静的，想出什么好法子没有？"胡睿试探着问。"我想我们应该好好表现，让新老板看到我们的价值，争取留下来。"费鸿说。

对于胡睿来说，这是条无效建议，他的心思早就不在工作上了，整天都在为不可预测的未来而担忧。他猜测得没错，新老板一来，公司的领导层就实施了大换血，原来的中高层几乎全被裁掉，他本人也下岗了，只有费鸿被保留了下来。原来，新老板在接手公司之前派了不少工作人员混迹于组织内部观察情况，所有人都一致认为，费鸿面对危机处变不惊，是干大事的料，故费鸿成了唯一被保留下来的管理人员，并被当作了重点培养的对象。

每临大事有静气，是一个成功者必备的素质。一个沉着冷静的人，在危难到来时往往能够急中生智，做出惊人之举。美国的萨利机长在两具引擎同时熄火、发动机完全失灵的情况下，将飞机成功迫降到了哈德孙河河面上，避免了空难悲剧的发生，机上155名乘客和工作人员全部生还，这是飞行史上的奇迹。面对生死存亡的时刻，少有人能像萨利机长那样处变不惊，继续保持原有的理智和从容，所以能转危为安、逢凶化吉的人自古以来就寥若晨星。而这，也许就是平庸者众、卓越者少的根本原因吧。

思考是一种静态的力量

著名作家乔治·克里斯托夫·利希滕贝格曾经告诫人们："永远不要忙得没有时间去思考。"现代人都特别忙碌，忙得没时间好好坐下来用心吃一顿饭，忙得没有时间静静发一次呆，忙得没有时间思考自己究竟为何而忙碌。这是非常可怕的，因为忙来忙去，很有可能劳而无功，或是一直都在原地打转，呕心沥血的付出没能换来任何成果。

由于禁不住浮华世界的诱惑、顶不住现实的压力，所以人们越来越浮躁不安，活得忙碌而麻木，丧失了思考的意愿和能力。许多人惧怕看到真相，惧怕看穿忙碌背后的空虚而故意拒绝思考，整日逼迫着自己像机器一样不停地运转，试图以此掩盖所有的不安。偶然闲下来的时候，才发现自己原来仍在原地踏步，所有的忙碌都是瞎忙、白忙。

懂得冷静的人，大多喜欢思考，因为他们深知现在抽不出时间思考，迟早会腾出双倍的时间后悔。不经思考，便会陷入无休止的忙碌，不仅无法让付出和所得成正比，而且还会让自己陷入持久的盲目中。思考赋予人灵性、智慧及力量。拥有思考的能力，是人和动物的根本区别，也是人成为万物灵长的根本原因。

人在不能沉着的时候往往不屑于思考，或是本能地抗拒思考，因为急于要用行动证明自己，急于用漫无目的的忙碌提升自身的价值。

而结果往往适得其反，不仅找不到自身的价值，反而会陷入无休止的恐慌和空虚中。

著名小说家米兰·昆德拉说："人类一思考，上帝就发笑。"其指的是过度的思考会把自己弄得痛苦不堪，上帝之所以发笑，是在嘲笑人类的愚蠢。许多人认为停下来静静地思考是出不了生产力的，想法本身不能转化成价值，浪费太多的时间思考就会错失行动的良机。这种观点有一定道理，过度思考的确不可取，可完全不思考更加不可取。

林志安有一次和朋友谈心时，朋友忽然感慨地说："我觉得现在的生活太可怕了，我们这么忙，忙得连思考的工夫都没有了。"林志安笑笑说："你这话多少有点危言耸听的味道。忙碌有什么不好？忙碌说明公司需要我们、社会需要我们，只有退休的老年人才能落得悠闲，因为他们不再被别人需要了。"朋友又说："你不觉得我们越来越像机器了？不知道自己为什么活着，只是日复一日地运转，这难道不可悲吗？"林志安不以为然地说："你干吗那么多愁善感啊，还说自己没时间思考，我看你是思考过度，想得太多了，这样充实地活着有什么不好？"

光阴荏苒，斗转星移，转眼一年过去了。朋友虽然很困惑，但依旧没有停下奔波的脚步，而林志安却因为病痛被迫提前闲下来了。辗转治病的日子，他想了很多，反复回味着那次跟朋友之间的谈话。他忽然变得迷茫起来，不知道自己这多年来究竟为何操劳为何奔忙。以前他披星戴月地寒窗苦读，是为了考上一所好大学，考上好大学是为了得到一份好工作，有了好工作以后他继续忙碌不休，为前程忙个没完没了，可是有了好前程又能怎样呢？在生意场上钻营，在办公室里忙忙碌碌，换来的又是什么？他真的感到幸福吗？如果感到不快乐不幸福，那么忙碌的价值又在哪里呢?

林志安认为人生的终极目标就是舒心、快乐、幸福，其他的都是次要的。人活着必须要有追求，不能麻木不仁地混日子，也不能只顾奔前程，最重要的是不能太过世俗，一定要让生命绽放出属于自己的光彩。大病初愈之后，林志安彻底改换了精神风貌，他不再麻木被动地忙碌了，而是开始试着享受工作的乐趣、享受生命的每一天，他不再热衷于钻营和利益的争夺，把精力放在了更有意义的事情上，每天下班他都不忘陪伴孩子度过一段甜蜜的亲子时光，致力于寻回失落的亲情。

学会思考以后，林志安似乎变得多愁善感了，但内心却更加坚强，他找到了人生的意义，领悟了生活的真谛，活得更加充实快乐了。

思考是一种静态的力量，不能沉着的人当然不喜欢思考，因为他们急于动起来。事实上，没有思考就没有有效的行动。思考会使人突破自身的局限，变得清醒而强大。法国哲学家帕斯卡说:"人是会思想的芦苇。"芦苇是非常脆弱的东西，狂风过境，所向披靡，人类亦是如此，任意一场天灾人祸都会置人于死地。可是因为有了思考的能力，人类便成了智慧的生物，有能力预防和阻抗厄运，能够采取积极有效的行动，步步为营，达成目标。最重要的是有了思考的能力，人类便有了更高层次的追求，不满足于眼前的苟且，不局限于现有的生活，能够活出全新的自我。

多一点耐心就是转机

　　人生的际遇是很奇妙的，有时你沉下心来，多等一分钟、一小时或是一天，结局就可能有所不同。这就好比等车，你多等几十秒钟或是一分钟，也许就有一辆公共汽车呼啸着驶来，若是连这点耐心都没有，那么怕是任何一辆车都搭乘不上。很多时候，你错过一次又一次机遇，不是因为造化弄人，也不是因为上帝故意跟你开恶意的玩笑，有意让你和重大机遇擦肩而过，而是因为你没有耐心，在事情出现转机之前就掉转了方向。

　　我们都非常熟悉否极泰来这个词，它指的是坏情况到了尽头，好情况就会到来。可是多数人等不到"否极"的那一刻就放弃了，当然就不可能等到"泰来"了。生活中这样的例子比比皆是：一个销售员平均被拒绝 30 次才能成功签下一笔订单，而很多人在被拒绝了 29 次后便会放弃；一个刚走上社会的大学生平均被拒绝 20 次才能找到一份相对稳定的工作，而很多人在被拒绝 19 次后便会放弃。也就是说，只要再多等一会儿、再坚持一次，结果就可截然不同。

　　在你跌到低谷的时候，在你感到灰心绝望的时候，先不要让自己倒下，耐住性子再等等，也许无须等待太久奇迹就会发生。深陷困境，谁都会烦躁不安，在这种时刻，你必须静下心来懂得冷静，再多等一会儿，也许危机背后就是转机。

战乱时期，有一位商人为了避难，把所有的家财换成了几张价值数百万元的珍稀邮票，将其小心翼翼地藏在了一把油纸伞的伞柄里，然后乔装成平民百姓准备投奔老家的亲友。一路上他受尽了舟车劳顿之苦，时值盛夏，骄阳似火，天气热不可当，他又困又倦，半途在茶馆里打了一个盹儿，睡醒之后发现桌上的雨伞不见了。

他四处向人打听有没有看到一把油纸伞，神情无比慌乱，人们都很诧异，只是一把雨伞而已，丢了再买一把，何必那么着急呢？他连忙解释说，这雨伞是旧物，对他有特别的纪念意义，他必须要将其找到。人们好心劝他，不要白费力气寻找了，来茶馆里喝茶的人很多，怕是被某个人顺手牵羊拿走了，茫茫人海，要找到偷伞的窃贼岂不是比在大海捞针还难吗？

商人不甘心，那可是他全部的家当、毕生的积蓄，不能白白丢了，而这些话他又不方便明说。待心情平复以后，他开始分析当前的形势，发现随身携带的包裹没被动过，断定那个盗伞之人不是惯犯，很有可能只是顺手牵羊，说不定那人就是附近的居民。抱着最后一线希望，商人在附近找了个屋子长期居住下来。他现在只剩下一点盘缠，只能住廉价的旅馆了。

安顿好以后，商人购买了各类修伞工具，摇身一变成了一名修理工，不过除了雨伞之外什么都不修。他默默地等待着，希望那个盗伞贼能出现在自己眼前，将那把油纸伞物归原主。一天天过去了，他记不清自己修好了多少把雨伞，但那把油纸伞始终没有出现，那个不知名的盗贼就好像人间蒸发了一样，始终不见踪影。商人琢磨着再这样下去连房钱都快要交不起了，到时很有可能露宿街头，沦落成乞丐。

天下还有比他更倒霉的人吗？百万富翁沦落成修伞匠，又由修伞匠沦落成乞丐，以后的日子真的不堪设想，他觉得自己简直倒霉到了极点。

但他没有放弃，他决定再等等看。他发现雨伞如果太过破旧，完全不值得一修时，人们会毫不犹豫地购买新伞。于是便想出了一个好主意，在摊位上摆出了"旧伞换新伞"的招牌。起初人们很犹豫，不相信这种以旧换新的好事，有几个贪便宜的人大胆尝试了一次，果然用破伞换来了完好无损的新伞，人们这才放心来换伞。没过多久，一名中年人带着一把破旧的油纸伞现身了，商人一眼便认出那是自己当年丢失的那把伞，他激动得险些昏厥过去，不过表面上却依然很平静。他像平常一样，默默地递上一把新伞，接过了那把令自己朝思暮想的旧伞。待中年人离去后，他马上从伞柄中取出邮票查看，看到那几张价值连城的邮票，心中的一块大石头总算落了地。

商人得到邮票后，便迅速离开了。后来亲戚做生意亏了本，他把自己的故事原原本本地讲给了对方听，不无感慨地说："先别绝望，再等等看，也许过不了多久事情就会出现转机。我当年就是这样安慰自己的。我差点失去一切，好在我等到了那把伞。"亲戚受到了鼓舞，耐着性子继续坚持了一段时间，半年后市场情况看好，生意渐渐好了起来，不但弥补了之前的亏损，还大赚了一笔。

也许你认为等待是消极而被动的，与其傻傻地等待，不如主动出击或是果断放弃，而事实却不是这样。等待并不意味着坐以待毙，它指的是懂得冷静，多拿出一点耐心来静观局势的变化，在时机最有利的时候再果断出击。客观因素是你无法左右的，你只有等到雨过天晴之后才能顺势而为、扭转局面。有时候，安静地等待要比无谓的挣扎更有用，等到最黑暗的日子过去了，也许你就能迎来黎明的曙光。

让躁动的心安静下来

久居喧嚣的闹市中，人们往往喜动不喜静，似乎忘记了安静也是一种能量。如今懂得冷静之道，潜下心来享受静谧的人越来越少了。大多数人都想制造出一点响动来，对周围产生一点影响，他们要么忙于应酬，要么奔走于各大交际场，被欲望牵引着忙碌不休，早已忘记了做事的初衷，甚至本末倒置，放弃了脚踏实地地努力，一心想着走捷径。懂得冷静的人不会把时间浪费在酒场聚会上，会潜下心来钻研，因为他们相信"静而后能安，安而后能虑，虑而后能得"，认为静比动更能催人奋进。

无论是人还是事物，过于躁动就会显得轻浮和浅薄，只有懂得冷静方令人觉得厚重和可靠。古人说"静以修身""非淡泊无以明志，非宁静无以致远"，静能让人自省，使人心无旁骛，更好地专注于当下。静的力量是不可小觑的，一滴水滴落的时候不会发出太大的声响，可时间久了却能把檐下的石板凿穿；一把种子看起来非常不起眼儿，发芽时无声无息，可它却能把致密的头盖骨撑开。同理，懂得冷静之道的人，往往比那些喜欢聒噪、为名利疯狂的人身上潜藏的能量要足，因为他们把力量都消耗在对的事物上了，不为别的事分心，所以更容易在某个领域做出成就。

有些人认为静等同于木讷，在现代社会，必须要有更多的社会资源，才能获得更多的收益，而安静的人不知道怎么为自己聚集社会资源，怕是奋斗一生也不会有什么好结果。事实似乎是这样，但又不尽然。如果你在别人眼中没有分量，那么无论怎样积极奔走、怎样工于社交，都不可能把这份无足轻重的交情转化成自己的资源，一切的努力都是枉费心机。与其如此，还不如静下心来，认认真真做好自己该做的事，自己成全自己。

李熠是一个非常内向的人，只知道埋头做事，在社会上摸爬滚打了几年，连崭露头角的机会都没得到。同学对他说："你不能再这样下去了，必须要让自己动起来，多印发一些名片，让更多的人认识你，这样才能为自己争取到更好的平台。"李熠认为同学说的有道理，便立即印发了上千张名片，像发传单一样见人就发，同学劝阻道："你不能乱发名片，必须要想办法用一张小小的名片换来最大的效益，最好把它递到大人物手上。"

李熠立刻领会了，从此开始有的放矢地分发名片。干了这么多年采编，他没有写出一篇像样的东西来，早就萌生了转行的想法。他想写书，做梦都想成为继韩寒、郭敬明之后又一有名的80后作家。目前，他最大的问题是自己籍籍无名，没人看好自己写的东西，缺乏出版渠道。他认为只要搞定出版社的编辑，一切问题都不会成为问题。为了见到出版社的主编，他在楼下足足等了一个钟头，然后诚惶诚恐地递上了名片。主编接过了名片，两人就算认识了，承诺以后会抽空看看他的作品。

转眼一年过去了，主编依旧腾不出空闲，对李熠写的东西一个字也没有看过。在长达一年的时间里，李熠先后接触过不少有头有脸的人物，有的是编辑，有的是图书策划师，有的是杂志社的老板，他以为结识了这些人物自己的命运就会发生改变。每每提及这些大人物，他脸上就会流露出自豪的表情，逢人便说："××，我认识，前些日子我们还一起喝过酒。"如果对方不相信，他就会掏出手机，让对方给××打电话询问，以此证实两人确实有交情。而其实，他和那些人不过是点头之交，只是在一起吃过几次饭喝过几次酒而已，并没有人把他看成是自己的朋友。

有一天同学问："既然你认识这么多大人物，那为什么不提出书的事啊？"李熠这才想起了出书的事情："哎呀，我整天忙着应酬，都快把正事忘了。"紧接着，他便带着作品四处求人，那些朋友大多敷衍了事，根本无心翻阅他写的东西，只有杂志社的老板答应找时间看看，但刚看完一页就看不下去了："文字太粗糙了，不适合在杂志上连载。"李熠赔着笑脸，希望老板看在往日交情的分儿上给他一个机会，可对方并不买账："你的东西写得不行，我怎么能破例给你连载呢？这和我们是不是有交情无关，我不能因为你而降低杂志的质量。"李熠感到无比失望，那位老板在他起身告辞之前给了他一个忠告："我劝你还是静下心来好好练练笔，别把时间花费在跟人吃吃喝喝上，搞文字创作的人必须要有安静的气质才能成事，像你这么浮躁，能写出什么好东西才怪呢。"

动起来很容易，静下心却很难，你只有具备足够强的定力才能安守一份静谧。真正胸中有丘壑的人，大都懂得静水流深的道理。静水下的世界往往深不可测，人亦如此，安静深沉的人体内往往蕴藏着大智慧和大能量。抑制住躁动的心，安放好自己的灵魂，不沉迷于表面的喧嚣热闹，静静地做好自己喜欢的事、经营好现有的生活，往往能够收获更多。

身有静气，才不会与人争斗

有人认为只要有竞争存在，人与人之间就注定要斗争不休，因为竞争的本质就是利益的争夺，狭路相逢勇者胜，谁能笑到最后，谁就能够成为最大的赢家、过上更好的生活。那么，事实果真如此吗？只有参与争斗，才能保证自己的利益不受损、才能赢得更加美好的生活吗？

当然不是。但凡懂得冷静的人，都不会相信这样的观点，是否卷入纷争、参与各种争斗，完全是你自己的选择，你若不喜欢与人争，没有人会逼迫你那么做。人之所以喜欢钩心斗角，是因为自己不能沉着，并非是被环境所迫。身有静气、懂得冷静的人，通常不屑于与人相斗，其心境就像兰德那首小诗里描述的那样："我和谁都不争，和谁争我都不屑。"不争不斗，是一种境界，更是一种智慧，唯有放弃无聊的明争暗斗，方能专注笃定，把事情做到极致。事实上，热衷于争斗的人大多成不了大器，因为他们把过多的精力都放到了惹是生非上，而没有心思静下心来做事。与人争斗是一件非常劳神费心的事，它会吸走你的大部分精力，让你力不从心，所以任何领域的顶尖人物都不可能是热衷于争斗的人。他们忙正事都忙不过来，哪儿有时间考虑耍弄心机呢？

胡嘉月是一个非常独特的女子，在人们固有的印象里，所有业绩好的销售人员都热衷于鼓弄三寸不烂之舌，气势咄咄逼人，推销产品时常不自觉地流露出侵略性和紧迫感，不给客户留余地，急着催促别人下单。而胡嘉月却不是这样，她娴静得体，没有任何攻击性和侵略性，说话语调平缓，丝毫听不出急切的感觉。然而，就是这样一个安静斯文的姑娘，销售业绩却一直都是最突出的。在每月月末总结的时候，胡嘉月的业绩都是遥遥领先。

胡嘉月气质宁静，没有争斗意识，她从未把谈生意当成是唇枪舌剑的战争，只想着把好的产品好的服务提供给客户，让双方达成共赢。对外她的态度是这样，对内也是如此。在销售部，业务员经常会为了争抢大客户而斗得头破血流。客户的潜力和财力，直接决定着业务员的业绩和收益，在事关个人利益的问题上大家全都互不相让，内部争抢订单的事情时有发生，这就造成了很大的内耗。而胡嘉月从来都不参与纷争，假如上级没有把好的客户分配给她，她就自己主动开发新客户。所以当齐娜叉着腰向主管告状，说胡嘉月抢了她的客户时，主管根本就不相信。

齐娜非常生气，气势汹汹地说："那个客户是我最早接触的，如果不是胡嘉月半路杀出来，我早就把订单签下了，她这样做太不地道了。"主管说："既然你最先接触了这名客户，那么率先与客户签下订单的人应该是你而不是别人。客户宁愿跟最近接触的人签单也不愿与你签单，这说明你的工作方法有问题。""这怎么能怪我呢？明明是胡嘉月抢单。"齐娜气得脸都扭曲了，嚷嚷着要跟胡嘉月对质。

为了息事宁人，主管只好把胡嘉月找来问明情况。胡嘉月说："客户从未在我面前提过齐娜的名字，我不知道她事先跟客户接触过，若是知道，绝对不会跟单的，这是我做事的原则。现在既然客户已经签单了，我们就不能毁约，理应给人家发货。为了保障客户的权益以及部门的利益，我们应当遵照合约办事。既然这个客户是齐娜的，那么就让她继续为这位客户服务好了，我不会计较的，业绩算在齐娜头上吧。"

胡嘉月的深明大义令主管分外感动，后来她主动给胡嘉月介绍了几个客户，算是对她的一种补偿。胡嘉月并没有因为让出一个客户而吃大亏，反而有了更多的收获。齐娜没能凭借自己的诚意和口才打动客户，却平白得了一单，表面上看是占足了便宜，而其实不然，她失去的远远比她得到的要多。她没有把精力放在提升自身业务水平上，而是热衷于投机取巧和钩心斗角，能力一点长进也没有，业绩始终不上不下。为了多签几个订单，她用尽了心思，有时故意把谈不下来的客户让给同事，事后又责怪对方抢单，利用各种手段逼迫对方跟自己平分提成。尽管机关算尽，但她的业绩还是要远远落后于胡嘉月，所得的不过是蝇头小利罢了。

能成就你的，永远不会是那些明争暗斗的伎俩，与其浪费时间争斗，不如花费精力完善自身，多做一些更有意义的事。其实，你最大的敌人是自己，而不是别人，战胜自我、完善自我，努力做到更好，你就会自然而然地成为技压群雄的强者。

叫得响亮，不如做得漂亮

如果仔细观察你就会发现，大张旗鼓高喊口号的人往往雷声大雨点小，做不出什么成绩，而懂得冷静、不动声色，喜欢默默发力的人才是真正的狠角色，常能给人带来意想不到的惊喜，真可谓是"不鸣则已，一鸣惊人"。这足以说明叫得响亮不如做得漂亮，越爱叫嚣的人往往会越早偃旗息鼓，而从不发声的人一旦发声必能石破天惊。

人们之所以热衷于四处宣扬到处叫嚣，其实是因为自己心里没底，既想通过这种方式为自己打气，又想让别人羡慕自己有理想有目标，心态无比矛盾。在生活中，我们常会看到有人一次又一次信誓旦旦地高喊："我一定要顺利通过职业资格考试，我一定要找到光鲜体面的工作，我一定要减肥瘦身，以最美的形象迎接更加美好的生活……"可到最后，一个目标也没实现，似乎这些热血激昂的话只是说给别人听的。而真正懂得冷静的人，不纠结不矛盾，在不声不响的状态下，就把所有目标都实现了。

一个人要想有一番作为，必须静下来、稳住心，在事情没有做成之前别急于到处宣扬。而事成之后，无须宣扬也会天下皆知。

刘家豪和赵溥是毕业于同一所高校的年轻人，供职于同一家企业，收入基本在一个水平线上，两个人经常聚在一起畅谈人生。刘家豪说：

"我受够了城郊接合部的出租屋了，那种鸟不拉屎的地方在地图上都找不到，环境脏乱差不说，治安也不好。平时我都不好意思告诉别人我的住址，免得对方想太多。我发誓在30岁之前一定要出人头地，成为成功人士，要有自己的事业，要有一所像样的大房子，要让天下所有的人嫉妒我羡慕我。"

赵溥很少开口谈目标谈理想，他说得最多的只是一般性的人生感悟。他不是那种喜欢喊口号的人，因为他认为实干要比喊口号更有用。其实，他又何尝不想有自己的家呢？为了在大都市里立足，他付出了常人无法想象的努力。在刚毕业的时候，由于缺乏工作经验，他不得不从基层干起，那时苦活累活他全都要做，论专业能力和技术水平他也许不是最棒的，公司里有大把大把的人才，在人才堆里他一点也不起眼儿，可是在人才济济的公司里他确实最踏实最努力，比任何人都敬业。作为北漂一族，他最大的梦想就是能够安定下来，在辛苦打拼的城市买下一个安居之所。那时他一边辛苦工作，一边利用业余时间读硕士，压力非常大，很怕自己坚持不下去，不过他并没有像好友刘家豪那样到处宣讲自己的梦想。

转眼五年过去了，刘家豪依然待在出租屋里，生活没有太大的改变，每次朋友聚会他依然热衷于发表各种人生宣言，不经意间便能说出几句令人热血沸腾的豪言壮语来，朋友都听腻了，时常打趣他："你真是光说不练，这么多年过去了，口号你已经喊过上百遍了，可现在不还是老样子吗？"刘家豪不以为意："别扫兴好不好，就不能让我过过嘴瘾吗？"谁都没有想到平时不声不响的赵溥居然第一个买了房子，这个结果着实令所有人都大跌眼镜。

"这真是真人不露相啊。"朋友纷纷感叹道。有人提议："什么时候请我们到家中做做客，顺便拜见一下嫂夫人。"到了周末，刘家豪随好友一同参观了赵溥的家，房子并不大，装修得也不豪华，但布置得非常温馨，窗台上摆满了花卉，墙上挂了不少意趣盎然、意境悠远的字画，女主人娴静优雅，既能操持家务，烧得一手好菜，扮演好贤内助的角色，又能为男人出谋划策，成为成功男人背后的女人。在她的激励下，赵溥从一名基层职员成长为部门经理，人生迈向了新台阶。

刘家豪感慨万千地说："我当年的梦想怎么全被你小子给实现了呢？这真是巨大的讽刺啊，我天天挂在嘴上的目标一个也没落到实处，而你什么都不说却把该做的事都做了。"朋友取笑道："人家是实干家，你是演说家，你把时间都浪费在发表演说上了，当然什么都干不成了。"

懂得冷静的人，往往都是不动声色的，他会在别人高声畅谈梦想的时候默默聚集力量，艰难地上下求索，探寻人生的各种可能性。他从不用言语来证明自己，只会用行动来让人信服。他不刻意彰显自己，其成就却能让所有人都看得到。这正是此类人的非同凡响之处。

第六章
知进退求共存：
既不伤害别人，又能保全自身

　　人们做事时往往很容易过火，有的人只知进不知退，受不得一点委屈。在处世哲学中，进退之道最难把握。强势的人只知道进不知道退，永远不愿做出妥协和让步。懦弱的人则截然相反，只知道退不知道进，任由别人得寸进尺，一步步蚕食掉自己的领地。只有能够静下心来的人，才能既进退自如，又能运用"以退为进"的策略巧妙地化解矛盾，既不伤害别人，又能保全自身。

做一个懂得谦卑的人

我们常听人说做人要谦卑。那么，什么是谦卑呢？压抑自己的正常个性，处处受到礼法的制约，表现得温良恭俭让，是谦卑吗？在错综复杂的局势面前披上一层保护色，总是深藏不露，永远不出头，是谦卑吗？在人前低眉顺眼、小心翼翼，背后却咬牙切齿，是谦卑吗？

当然不是，谦卑不等于卑下、虚伪，谦卑的人尊重每一个人的人格尊严，包括自己在内，从不觉得任何生命卑微，既不趾高气扬，也不妄自菲薄，有了成就不膨胀，对待不同身份的人能够一视同仁。谦卑的人不卑微，但能够静下心来，无论有多大的本事都不会骄傲自满，无论条件有多么优越都不会瞧不起别人，更不会抬高自己而贬损他人。

谦卑的人大多懂得冷静，不会因为地位的改变而改变。生活中的很多人都误把卑下当成谦卑，认为只有把自己看得无比卑微才能达到谦卑的境界。这是非常极端的。卑下的人并不谦卑，他们只是伪装的谦卑而已。一旦爬上了高枝，露出了真面目，他们可能比任何人都狂傲自大、不可一世。狄更斯笔下的尤利亚·希普便是这样一个角色。希普出身寒微，是律师威克菲尔的书记，平时在人前低三下四，天天说自己卑贱，后来却通过欺诈的手段吞掉了威克菲尔的事务所，还想霸占威克菲尔的财产和女儿，可谓是卑鄙到了极点。在现实生活中，不乏像希普这样的人，他们表面上谦恭，实则野心勃勃，人前人后判若两人。这种人一旦得势就会露出狰狞的面目来。

王瀚和王启是一对兄弟，他们出身于普通工人家庭，自幼家境贫寒，凭借着自身的努力纷纷考上了重点大学，毕业后都找到了不错的工作。虽然脱离了贫困的处境，但王瀚骨子里仍旧是自卑的，他觉得自己卑微、土气，无法跟那些西装革履、精明干练的商务人士相提并论。在别人面前，他总是低眉顺眼的样子，讲话战战兢兢，生怕说错一个字。回到家里，卸下人格的面具，他又变成了另一副样子，背地里指着所有的假想敌叫骂。他暗暗发誓，将来一定要爬到所有人头上，给那些曾经看轻他的人一点颜色看看。他默默地等待着，诅咒所有人都倒霉。

而王启的个性与哥哥王瀚全然不同。他是一个很谦和的人，平时不卑不亢，没有因为自己的出身而萌生屈辱感，从未看不起自己，也从未看不起别人。对待所有人都一视同仁、以礼相待。转眼五年过去了，这对兄弟皆在各自擅长的领域取得了一定的成就，弟弟王启还是像原来那么随和，大体上没有什么改变，而哥哥王瀚则像变了一个人似的，对待下属颐指气使，对待平级的同事也不大尊重，只有在老板面前才不敢造次。表面上他假意顺从老板，而心里早已把对方骂了千百遍，心想总有一天两人的位置会互换，到时他一定要狞笑着看老板痛哭。

后来王瀚终于等到了机会，公司由于受到竞争对手的打压，越来越不景气，老板支撑不住了，打算将企业卖掉。谁也没想到，王瀚会成为买家。为了达成个人目的，他欺骗弟弟王启说自己想要创业，需要募集一笔资金。弟弟二话不说，就把自己多年的积蓄拿出来了。紧接着他又从朋友那里筹集了一大笔款项，迅速成立了一家公司，然后以迅雷不及掩耳之势收购了原来供职的企业。在谈判过程中，他狠狠地羞辱了老板一把。看到老板在自己面前低眉顺眼的一刹那，王瀚觉得心里痛快极了，他终于了却了多年的夙愿。可是对于接手这家公司，他并没有做好万全的准备，他没有经商经验，又比较刚愎自用，谁都瞧不起，谁的话也不听，不到半年就把公司搞破产了。

当人生进入低谷以后，王瀚终日买醉，有一天他终于对弟弟酒后吐真言，弟弟王启这才明白为何哥哥会活得那么纠结、表现得那么反复无常。他真心为哥哥感到难过，但却无法改变什么。哥哥陷入自己一手制造的泥沼里而无法自拔，假如他不肯自救，别人也无能为力。事后，王瀚终于意识到虚假的谦卑有多么害人。它会让人抬不起头来，心灵逐渐扭曲，慢慢地变成阳奉阴违的小人。认清了这一点后，他不再刻意装谦卑了，而是开始诚心诚意地向弟弟学习，终于解开了多年的心结，获得了内心的宁静。

谦卑与虚伪无关，与世俗的约束无关，与社会地位无关，与城府无关。谦卑者之所以谦卑，是因为他们对自然、宇宙、世界怀有敬畏之心，知道作为一个个体自己有多么渺小，知晓自身能力的局限，任何时候对自己都有一个清醒的认识。谦卑既是一种对内的态度，也是一种对外的态度。谦卑的人，没有卑下之心，他们谦虚、平和、善良，令人钦佩敬服，从不自我夸耀，却能收获更多的掌声；从不张扬跋扈，却更有威仪；从不高高在上，却能被人高举，这就是人格魅力之所在。

别把"耍贫嘴"当成幽默

有时候，开一些无伤大雅的玩笑，在谈资中增添一些幽默元素，确实能使谈话变得新鲜有趣，能博得众人的会心一笑。人人皆喜欢幽默的人，因为他们能制造欢乐、传播快乐，让人心情舒畅。

幽默是一种谈吐、一种情调，而不是语言游戏，有些人不知道什么是幽默，误把庸俗和低俗当成了幽默。很多时候，为了吸引听众或出于哗众取宠的目的，他们随意往段子里增添低级趣味的猛料，引得众人面面相觑，误以为达到了震惊四座的效果，殊不知别人是在替他们害臊，只是不方便直接表态而已。

诙谐机智方为幽默，它和贫嘴不同，调侃要收放自如、雅俗相宜，太雅，就会变成曲高和寡的阳春白雪；太俗，则不但无聊透顶、俗不可耐，而且还会令人生厌。

小楚供职的公司里有一个叫小纪的男同事，经常说些低俗的笑话，一张口就开始耍贫嘴，惹怒了别人不但浑然不觉，还自鸣得意，要多讨厌有多讨厌。有一天，小楚说："我最近抵抗力好差，感冒了半个月，到现在还没好。"小纪听罢，立刻抢过话茬儿说："你的抵抗力已经很强了，简直可以和小强一拼了，都被感冒病毒祸害了半个月，现在依然还健在。"小楚觉得他这是在诅咒自己，心里十分不悦。

到了下午，公司组织全体员工聚餐，小楚头痛，还微微有些发烧，便向经理请了假，打算不去了。小纪见状，居然阴阳怪气地说："呦，这楚楚可怜、弱不禁风的，简直就像林妹妹一样娇贵，身子骨不知道是被哪位宝哥哥搞坏了，以后可得悠着点。""你！"小楚气不打一处来，差点和他争吵起来。

小纪得罪小楚，并没引来什么恶果，毕竟小楚只是一名小职员，不能把他怎么样。他肆无忌惮地跟小职员开玩笑，觉得这样做既能博别人一笑，又能体现出自己的诙谐狡黠，十分快意，从来没有顾忌过别人的心理感受。因为养成了耍贫嘴的习惯，他把低级玩笑开到了老板头上，最终引火烧身，造成了严重的后果。

有一次公司组织全体员工到郊外旅游，老板和职员一起在江上泛舟，小纪和老板坐在同一条船上。他发现老板上船后船明显有点吃重，便眨巴着眼睛说道："老板，您可真是个重量级人物啊。"老板没听懂他的意思，要求他做出解释。小纪解释说："您没发现，自从您上船之后，整条船都下沉了一点？"老板听明白了，对方是在调侃自己的体重。听了这番言论，他本来已经很不高兴了，可小纪却依旧不肯住嘴，又讲起了曹冲称象的典故，接着拿笔在船舷齐水面的位置做了一个简单的标记，说等大家下船后往船上装石头，等到船身沉到标记的位置就停止装石头。将船上的石头一块块称一下，累计加起来，就是全体人员的体重，把员工的体重一一减去，最后就能算出老板的重量了。

说完，小纪哈哈大笑。老板阴沉着脸，在场的人全都默不作声，没有人敢笑。小纪扑哧一声乐了："我只是想逗大家开心而已，你们觉得我讲的笑话不好笑吗？"老板生气地说："早就听说你喜欢搞恶作剧，经常在办公室里讲些庸俗的段子，搞得大家不胜其烦，现在居然把玩笑开到我头上来了，你是不是不想在公司里干了?"小纪这才意识到事情的严重性，赶忙赔不是:"对不起，老板，我不该在太岁头上动土，您就原谅我一次，我以后不会再这样不知深浅了。"

事后老板虽没有开除他，但再也不想看见他了，就把他调到了储藏室，专门负责管理杂物。在收拾东西的时候，他还吐着舌头对小楚说:"我被打入冷宫了。"小楚笑笑说:"你这完全是咎由自取，这下大家的耳根子可就清静了。"小纪发现同事的脸上全都一脸喜气，这才知道自己在公司里有多么不受欢迎。他前脚刚走出门，就听到同事说他是奇葩，七嘴八舌地议论开了，他实在听不下去了，赶忙灰溜溜地逃离了办公室。

当你想要贫嘴的时候，要事先想一想，你想要表达的内容究竟是属于幽默还是低俗。有时候你也许搞不清贫嘴和幽默的界限，把握不好雅和俗的尺度，一不留神就说出了让人尴尬的语句，遇到这种情况开口之前更要三思，千万不要把令人不齿的笑话当成幽默的表达。你可以不幽默，但不能太贫嘴、不能太庸俗，不懂得幽默之道无须假装幽默，以免弄巧成拙。

别拿幼稚当可爱

　　小时候，被人夸赞可爱，你会觉得这是一种褒奖。长大之后，如果还被夸可爱，你可能会感到困惑，觉得对方是在间接讽刺自己幼稚。那么，可爱和幼稚到底有什么区别呢？心地单纯的人是可爱的，因为这种人像白纸一样干净，没有心机、没有城府，与之相处格外轻松愉快。而幼稚则不同，它指的是缺乏历练，什么事情都不懂，待人接物不合时宜，思想和行为低幼化，就像是不懂事的小朋友。

　　成年人的幼稚病多半和心态不成熟有关。有的人性格非常拧巴，不知道该怎样同别人相处，渴望融入集体却又不想主动向人示好，与人若即若离，跟别人过不去，跟自己也过不去，活得非常纠结，为了让自己心安索性拒人于千里之外。这就好比一个抱着玩具的小孩子找不到合适的玩伴，便选择自得其乐，完全不理会周围的小伙伴，一味地沉浸于自己的世界中。

　　有的人做出一点小小的成就就期望得到重视和表扬，而得不到表扬又会感到非常失落和难过，就仿佛小朋友背诵完几首唐诗，得不到夸奖，便忍不住耍脾气一样。对于小孩子，人们永远不会吝惜溢美之词，而对成年人则不然，你不能期待有了一点微小的进步就能得到别人的奖励。赞美犹如糖果，人们可以免费发放给小孩子，却不会随便给予成年人。这是人之常情。

有的人习惯了我行我素，无视任何规则，想做什么就做什么、想说什么就说什么，完全不考虑后果。这些表现是非常惹人反感的。小孩子想哭就哭、想闹就闹，可以不守规矩、为所欲为，而成年人则不一样，这个世界不会像包容小孩子一样包容成年人，成年人如果说话办事不知轻重一定会受到责难。

小谭是一个刚从学校毕业的大学生，长着一张稚气未脱的娃娃脸，相貌甜美可爱，嗓音也很甜，让人一见就喜欢。小谭不仅长得稚嫩，行事风格也有点孩子气，行为非常幼稚，有时让人哭笑不得，有时令人非常头痛。

在开会讨论的时候，她总是东张西望，显得很没规矩，领导发言时随意插话，被领导批评之后还不服气，反倒振振有词地说："伏尔泰不是说'我可以不同意你的观点，但我誓死捍卫你说话的权利'吗？我是有言论自由的，无论我说的对还是不对，你们都不能剥夺我发表意见的权利。"经理说："难道老师没有教过你，随便插话是一种不礼貌的行为吗？"小谭说："老师的话不能全信。"经理真拿她没办法，只好说："随便打断别人说话不礼貌，关于这一点没有异议吧。"小谭吐了吐舌头说："我知道错了，我向你道歉，I am sorry。"

以后，小谭虽然不在会议上乱插话了，但在讨论环节却常常说出惊人之语。有一次经理向员工宣布公司福利政策的调整方案时，小谭抱怨道："别的公司夏天发高温补贴、冬天发取暖费，咱们公司什么都没有，确实是独具特色呀。我想公司内部应该是四季如春吧，所以根本就用不着消暑防寒了。"经理刚想开口说话，小谭又随口胡诌了几句俏皮鲜活的打油诗，惹得大家哈哈大笑。经理挖苦地说："没想到你还挺有才的，可惜聪明用不到正经地方。"小谭无视话里的讥讽，居然欣然回应道："过奖过奖。"大伙听了，又是一阵哄笑。

转眼半年过去了，小谭的业务能力有了明显进步，但很少受到经理的夸奖，小谭为此很不高兴，居然直接质问经理："我这么用心工作，你为什么看不到我的努力。我一直都在进步，你为什么连半句肯定的话语都不肯给我，是因为对我存有偏见吗？"经理说："你心智不成熟，如果经常夸你，你会飘飘然的。因为你不能像成年人那样思考，我需要对你区别对待。你的业务能力虽然提升了，但为人处世的方式存在严重问题，我希望你快点成长起来。这里不是幼儿园，不要考验我的耐性。"

小谭受到了沉重的打击，从此精神萎靡不振，时常安静地发呆，有时还会一个人躲在角落里抹眼泪。同事问她怎么了，她委屈地哭诉道："你们全把我看成是傻子，经理也瞧不起我，我真的很难过，以后谁也不想理会了。从此你们走你们的阳关道，我过我的独木桥，我只要安安静静做事就好了，把你们全都当成空气。"听了这番颇具孩子气的赌气话，大家全都不知如何是好，真不明白人事部为什么会招来这么幼稚的员工。

作为一个成年人，千万别拿幼稚当可爱，在少不更事时你可以天真烂漫、无所顾忌，而一旦步入成人社会就必须改变自己的做事风格，一言一行要尽可能地符合社会规范，凡事要顾及别人的看法和心情，做事要把握分寸、恰到好处，不能由着自己的性子胡来，这样才能少走弯路、少碰壁。

"以退为进"是一种策略

在处世哲学中，进退之道最难把握。强势的人只知道进不知道退，永远不愿做出妥协和让步，而懦弱的人则截然相反，只知道退不知道进，任由别人得寸进尺，一步步蚕食着自己的领地。只有能够静下心来的人，才能既进退自如，又能运用"以退为进"的策略巧妙地化解矛盾，既不伤害别人，又能保全自身。

当狭路相逢时，如果双方都选择前进，始终保持寸土必争的态度，最终只能两败俱伤；如果双方各退一步，就能成就一段佳话。可惜佳话自古以来就比较稀少，希望别人先退一步，你的期待往往会落空，自己先退又不甘心，既怕丢了面子，又怕吃了亏。最高明的做法莫过于采取以退为进的策略。列宁说过："退一步，是为了进两步。"后退的目的不仅仅是为了礼让，而是为了更好地前进。有时候，后退一步，留下了更大的回旋余地，往往对自己更加有利。进与退是一种互动的游戏，谁先沉不住气，先进了一步，往往就会提前出局。在掌握对方心理状态的情况下适时地退一步，就好比采用柔术令对方折服，这样就能使对方之后的行动符合自己的期望，顺利达到"以退为进"的目的。需要注意的是，你主动后退，需要别人买账。而如果别人不买账，退的行动就没有价值了，更不要说收到"以退为进"的效果了。

周媛刚升职为主管的时候感到分外头痛，她手下有一个叫孟莹莹的助理，个性非常执拗，听不进批评，工作上出现了疏漏，既不认错，也不修改，着实讨厌得很。换作别的主管，早就跟她翻脸了。而周媛并没有那样做，因为孟莹莹身上虽然有不少小毛病，但大体看来还算得上是一个得力的助手。同样的工作，换一个人来做，可能还赶不上她呢。

前任主管屡次和孟莹莹发生冲突，经常在员工大会上猛批孟莹莹，每次孟莹莹都反唇相讥，搞得主管下不来台，主管强烈要求将其辞退，而老板却说："咱们公司和别的公司不一样。在咱们公司，主管和助理的关系就好比古代官和吏的关系，前者主持大局，而具体的事务则要靠后者完成。没有了吏，官的本事再大，很多事照样办不成。同样的道理，没有了孟莹莹的辅佐，主管的工作也干不好。她是公司资格最老的员工，公司事务她最了解，所以……"主管生气地说："所以我就该忍她对不对？哪有让主管忍助理的道理，这真是滑天下之大稽，简直是岂有此理，她不走我走还不成吗？"说完，她就气冲冲地辞职了。

通过观察，周媛发现孟莹莹是个自尊心非常强的女孩子，认为她之所以表现得不通情达理，多次与主管对抗，主要原因在于主管总是采用教训的口吻批评她，她为了维护自尊只能针锋相对，两人各不相让，渐渐发展到了势同水火的地步。周媛充分吸取了前任主管的教训，开始尝试"以退为进"的策略。每当她发现孟莹莹拟写的工作方案有漏洞时，从不直说，也不批评，而是先压住火气，把她表扬一番："你的想法很有创意，给我带来了很多启发。这个方案写得很到位很周详，只是细节上略有些瑕疵，如果稍加修改效果会更好。"接着就提出了自己的修改意见，"你觉得按照我的想法改动一下，是不是更完善一些?"

　　孟莹莹听了这番话，当场就愣住了，她绝想不到主管会用这种态度同她对话，这种让步在以前是绝对没有过的。她实在想不出拒绝的理由，便十分爽快地说："我会按照您说的意思办，马上对工作方案做出修改。"两个人的较量就这样结束了，其间没有赌气、没有争吵，双方一直都心平气和，周媛没有耗费多少唇舌，也没有提高讲话的音量，就轻轻松松达成了目的。老板见她们之间在工作上配合得如此默契，非常高兴，不由得感叹道："孟莹莹这匹烈马终于被你驯服了。""我没有驯服她。真正的烈马是不能驯服的。你想让它服从自己，只有一个办法，那就是后退一步，放弃威胁恐吓以及各种令它排斥的手段，引导它前行。"周媛说。老板感叹道："看来你比我更懂得跟特殊员工打交道啊。"周媛笑了笑，其实她觉得孟莹莹并不特殊，人的心理需求大同小异，满足了对方的心理需求，主动退一步，往往会比气势汹汹地向前逼近更为有效。

　　每个人在尊严受到冒犯时都会拼死抵抗，这就是你进一步别人也必须要进一步的根本原因。关键时刻，你若是懂得冷静，巧妙地以退为进，不去进一步威逼他人，为对方保留颜面，那么对方往往也会做出让步。

学会谦卑，懂得感恩

　　什么才叫沉稳？有的人说胜不骄败不馁，有底气、够大气就是沉稳。其实这样还不够，真正沉稳的人从来不会被突如其来的荣耀冲昏头脑，更难得的是他们乐于与他人一起分享功劳和胜利的果实。因为蛋糕是大家一起做出来的，作为集体智慧的集大成者，自己在享受劳动成果的时候不忘别人的辛劳，这是做人的本分。名人在上台领奖并发表获奖感言的时候都会感谢公司、感谢身后的团队、感谢那些默默付出的工作人员，别以为这是华而不实的陈词滥调，不值得效仿，其实这恰恰是应当认真学习和揣摩的事情。

　　如果你取得了一点小小的成绩，在表彰会上受到了特别的表扬，得到了丰厚的奖赏，你会怎么做呢？是一个人独享荣耀，还是跟大家一起分享成功的喜悦？不成熟的人会想当然地认为，能有今天的成就全靠自己一个人默默地努力和奋斗，与别人没什么相干，别人没资格跟自己分享功劳。而真正有气度的人则会像站在领奖台上的名人那样当场发表一些肺腑感言，感谢上司的指导、提拔，感谢公司的栽培，感谢同事对自己的支持以及平时的配合。这样做不是为了完成某个例行形式或者收买人心，而是为了消除隔阂，确保日后与他人能够更加融洽地相处。

其实，任何一次成功、任何一次成就的取得都是集体智慧的结晶，最后总有某个表现突出的人成了最大的受益者，那个人可能就是你。当你赢得鲜花和掌声的时候，请记住，你的功劳里也包含了别人的辛劳和心血，你自己吃蛋糕的时候也要让人闻着香。你若意识不到这一点，就会与所有帮助过你、支持过你的人产生无法弥补的隔阂，以后彼此会变得越来越生疏，甚至引来别人的敌意。

试想一下，假如公司上下一起参与了一个项目，唯有你受到了老板的嘉奖，你欣然领受所有的赞美和犒赏，忘记了上司对你的点拨，忘记了同事在分工合作中所做出的贡献，忘记了你背后的团队夜以继日奋战的事实，那么公司上下会怎么看你呢？

丁悦由于业绩突出，在年会上受到了特别的表彰。提起一年来的表现，老板对他几乎用尽了溢美之词，说他年轻有为、敢想敢干，给公司做出了巨大贡献，假如每个员工都像他那样能干，那么公司的发展必定能蒸蒸日上。总之，丁悦是个不可多得的人才，有了他这样的左膀右臂，任何一个老板都会省心。

热烈表彰之后，老板当着全体员工的面给丁悦颁发了巨额奖金，还给他另外发了一个大红包。在大会上，主持人用热情洋溢的语调请他谈谈工作心得。他接过话筒，说自己作为一个新人，为了熟悉业务，每天都在学习知识、积累经验，一年来吃了不少苦头，从一个最基层的员工，一步一步地走到了今天这个位置，能有今天的成就，都是自己默默耕耘的结果。在接近尾声时，他慷慨激昂地说："如果你想脱颖而出就必须靠自己，任何人对你的帮助都是有限的，不要幻想着别人会助你一臂之力，不要对别人抱有太多的期待，你唯一能依靠的就是你自己。当你真正成长起来的时候，回顾往昔所走过的路程，回忆以前所受的艰辛，就会觉得所有的苦涩都化作了甜蜜，所有辛苦的付出都有了超值的回报，你会发自内心地觉得一切都是值得的，你会由衷地敬佩自己、感激自己，甚至想向全世界宣布'我做到了'。"

说到动情处，丁悦激动得热泪盈眶。可是台下的人听了这番话，心里全都感觉不是滋味。上司心想：没有我的提拔，丁悦这个新手就算有天大的能耐也不可能在短短的一年内取得如此突飞猛进的进步，更不要说从一线员工升格为高级销售助理了，他居然说任何人的帮助都是有限的，一切全靠他自己，真是太自以为是、太狂妄了。老员工心想：他只知道钦佩自己、感激自己，却忘记了他刚来公司的时候什么也不懂，还不是我们这群老人手把手地把他带起来的，现在他翅膀硬了，自己能飞了，就把大家全忘了。

大会结束后，丁悦一个人悄无声息地走了，既没有跟大家打招呼，也没有提议一起出去庆祝一下。大家嘴上不说什么，心里却极为不舒服。从此，上司总是有意无意地刁难他，同事也慢慢跟他疏远了，工作上故意与他为难，很快他就变成了孤家寡人。他脸上的笑容消失了，取而代之的是一脸怨恨之色，苦熬了一年之后，他在公司里实在待不下去了，只好带着满心的怨愤黯然离开。

当你春风得意时，要学会谦卑、懂得感谢和分享，千万不能一个人独揽荣誉和功劳，因为那样做会让你在最短的时间内失去人心。要知道，你站得更高、走得更远，往往意味着迅速拉大了与别人的距离，如果你过于高傲、过于自我，看不到别人对你的友好帮助，否认别人的默默付出，只是一味地强调自身的价值和贡献，那么自然会引起公愤。而没有了众人的支持和拥护，即便你有再大的能量也不可能永远绽放光芒。等到你被整个团队所弃，那么离失败也就不远了。

伸是一种本能，屈是一种韬略

俗话说："大丈夫能伸能屈。"伸是一种本能，人人都能做到；屈是一种韬略，非大丈夫不能为也。懂得忍耐的人像弹簧一样，能伸缩自如，该伸的时候伸，该屈的时候屈，不曾为此矮过半截。而忍耐性差的人则如钢铁，经过火淬水激之后，延展成又细又长的刀剑，从此便失去了弹性，宁折不弯，遇到压力往往会断成两截。可见，如果只能伸不能屈，人生就会变成悲剧。

生命的孕育成长是一个先屈后伸的过程，草木刚刚萌芽时不会马上舒展开来，而会先曲卷着身子；动物在胎腹中发育时也是蜷曲着身子，人类亦然。任何一个胎儿在母体中生长时全都会蜷曲着身子。而成为独立的个体之后我们仍然保留着原来的习惯，喜欢蜷曲着身体入睡，但却丧失了先屈后伸的能力，只想着永远自如地舒展，而不愿意承受一点点委屈。

屈是一种权宜之计，所有人都想活得顶天立地，谁愿意低着身子活呢？问题是，在倒霉落难的时候只伸不屈往往要付出极高的代价。暂时的蜷曲是为了更好地伸展，这就好比出拳一样，你只有先弯曲手臂，再伸手出击，才能挥出重拳。今日的委屈日后往往能够转化成更大的能量。

　　王彦在公司破产以后鬼使神差地进入了竞争对手的公司。老板怀疑他是来窃取商业机密的，没有对其委以重任，也未直接把他打发走，而是留他做了一名杂工，让他每天擦地板、倒垃圾、搬重物，为所有员工买盒饭，对其呼来喝去，想要借此好好羞辱他。换作别人，早就一走了之了。天下之大，此处不留人自有留人处，何必在这儿受窝囊气，到哪儿不能找到糊口的工作呢？

　　王彦却不这么想，尽管他知道老板是在有意刁难他，却并不想放弃，他觉得这种经历也算是一种磨砺，既然他已经由一个腰缠万贯的企业家沦落成了任人使唤的小工，就必须快速接受现实，扮演好小工的角色，日后再慢慢寻找翻身的机会。这份工作对他来说确实来之不易。作为商业界的名人，他的破产经历已经成为最知名的反面教材，在这种情况下，他无论到哪家企业应聘都不会顺利过关的。如今竞争对手公司的老板雇用了他，给了他谋生的机会，他觉得自己应当好好珍惜。当然，老板录用他并非出于善意，而是出于一种看笑话的心态。

　　有一天，王彦顺着走廊拖地板，被老板叫进了会议室，老板要求他当着全体员工的面总结一下自己的成败得失。"你们也许不知道什么叫成功，因为成功两个字不好定义。但失败的例子随处可见，王彦就是其中的一个。他原来被誉为商业史上的奇迹，可现在怎么样？沦落到这般田地，连普通人都不如。"老板感叹完了，便要求王彦发言。换作别人，一定会感到无地自容。这分明是一种变相的羞辱。而王彦却很坦然，他神色自若地发表了个人感言，总结了失败的经验教训，态度非常诚恳，在场的员工并没有对他心生轻视，反而大为感动。话音刚落，会议室里就爆发出了一阵雷鸣般的掌声。大家方才明白原来失败者也是有风采的。当有人提出这一观点时，老板没好气地说："你说的很对，恒星死亡后还是会继续发光的，不过这依然掩盖不了它已经辉煌不再、步入死亡的事实。"

员工们都觉得老板讲话太刻薄了，很同情王彦的遭遇，也很欣赏他不卑不亢的态度，大家隐隐感觉到这样的人绝不会永远屈居人下，早晚有一天会东山再起。果不其然，半年以后，由于公司高层判断失误，做出了错误决策，致使企业面临重大危机，老板束手无策，有人建议起用王彦，理由是如今只有他有本事力挽狂澜，起初老板并不同意："他已经搞垮了自己创建的公司，难道还要让他搞垮我的公司吗？"后来，他意识到如果不用王彦，公司支撑不了多久就会关门大吉。最后他顾不得那么多了，只好死马当作活马医，被迫起用了王彦。王彦果然不负众望，上任没多久便成功带领企业走出了困境。随后他进入了公司高层，成为老板的得力干将。一年之后，他成为分公司的主要负责人，得到了公司的部分股权。若干年后，老板生了重病，需要长期在家疗养，便将公司交给他代管，在名义上他已经成了新任的老板。王彦作为一个商界传奇人物，再次活跃于各大场合，人们皆为他的逆袭经历称奇，他觉得这没什么，做人本来就应该能屈能伸，适时而屈是为了更好地伸展，如果连这点承受能力都没有，怕是永远都不可能翻身了。

韩信不忍胯下之辱，怕是成不了一名纵横捭阖的良将；勾践没有当过阶下囚，怕是成为不了一代霸主。屈的经历会促使你发奋发狠，成为连自己都害怕的厉害人物。当局势对自己万般不利的时候，先委屈一下又如何呢？马云不是说过，男人的胸怀是被委屈撑大的吗。很多名人在功成名就之后都曾情绪激动地提及过以前受屈的经历，可见那些负面体验是多么刻骨铭心，时隔多年以后，依旧不能忘却。可是你知道吗？假如没有那样的经历，或许他们根本就成为不了现在的自己。这说明委屈是可以成就人的，只有懂得适时而屈才能伸展自如，活出更好的自己。

深谙刚柔兼济之道

英国诗人西格里夫·萨松曾经用"心有猛虎，细嗅蔷薇"来形容人的双面性，后人由此联想到每个人心中都住着一只猛虎，故而皆有凶悍刚猛的一面，这也成就了性格中的刚毅之美，但只有刚劲的特征是不行的，人还必须要有蔷薇花的温柔以及嗅闻花香的感性才能成为一个完整的个体。

但凡懂得冷静的人，既有冷峻刚强的一面，又有温柔敦厚的一面，不同的人格特质得到升华以后便造就出了一个更加和谐的自我。不能沉着的人，生猛如虎，不解花的温柔，不懂得人情冷暖，以为只要强硬到底、冷酷到底，就能让整个世界臣服于自己脚下。他忘记了人生不是战场，这个世界不是只有竞争、只有冷酷、只有杀伐的法则。残酷是这个世界的一部分，但不是全部。明智的人会像经营花园一样经营人生，像呵护花朵那样呵护自己的内心，善待这个世界、善待每一个人，在心灵花园里种满蔷薇，用心体味美好的点滴。

一个人若心中只有猛虎，就会蛮横、莽撞、冒失；心中仅存蔷薇，就显得柔弱不堪。像猛虎一样刚强，凛然不可侵犯，你方能所向披靡；心如钢铁，意志坚不可摧，却又不失温柔，懂得化百炼钢为绕指柔，深谙刚柔兼济之道，你才能做到内心和谐，才能与外界和平共处。西楚霸王项羽就是个典型的猛虎，他倔强刚猛，武艺超群，一身英雄气概，因为缺乏蔷薇的柔韧，兵败之后，毅然选择了乌江自刎；后主李煜是典型的蔷薇，他多愁善感、郁郁寡欢，拥有艺术家的灵性和才气，却担不起君王的职责，抵御不了外界的风暴，最终在强风中被摧折。即便如此，他心中亦住着一只猛虎，否则就不会被赵光义忌惮而引来杀身之祸。

　　人不能心中没有猛虎，因为某些时候我们需要同残酷而不和谐的世界对抗。可心中又不能只住着猛虎，因为那样会变得凶猛和富于侵略性，被众人所排斥。我们必须安置好心中的猛虎，同时用蔷薇的温柔化解身上的戾气，让自己变得柔和与温暖起来，如此才能让生命呈现出葱茏的面貌，活得潇洒而写意。

　　刘凌是一个很奇怪的人，脾气非常怪异，经常会因为一点小事跟身边的人大动干戈。好友孙彦青劝他收敛一点，他却很不服气地说："老虎不发威，他们还以为我是病猫呢！我不能让任何人觉得我软弱可欺，必须要表现得比对方强硬。"孙彦青说："人与人、人与世界的关系是和谐不是对抗，你没有必要整天倒竖虎须。"刘凌说："世界的本质是对抗而不是和谐，在自然界里，一切生物都要与残酷的大自然对抗，还要与天敌对抗，要么成为掠食者，要么成为猎物。人类社会也是这样，我要是不够强悍、不够凶猛，就会沦为刀俎下的鱼肉。"孙彦青说："在必要的时刻你可以表现得更强悍一些，但不能一味地强悍。生活不是战斗，周围的人不是你的敌人，你不能每天都向别人开炮。与所有人为敌，与天下为敌，每天都生活在紧张的状态中，这样的生活真的是你想要的吗？"刘凌低下了头："当然不是。我又何尝想活得这么累呢？我这样做都是被情势所逼。"他深深叹了口气，讲述了过往的一段极其不愉快的经历。

　　小时候他性格非常软弱，经常被小伙伴欺负，回到家里向爸爸哭诉，爸爸不但不同情他，反而鄙夷地说："你是个男孩子，怎么能这么没出息？受了欺负，居然还哭鼻子，简直就是只病猫。"

　　听了这番话，他深受刺激，从此性情大变，变得强横了起来，此后谁也不敢欺负他了。参加工作以后，他变得更加易怒，动辄便向别人发威，如今所有的人见了他都绕着走，懒得同他争吵。

　　孙彦青听完后说："你可以保持硬汉的一面，但个性不能太乖戾，尽量让自己温和一些，只要做到这一点你的生活就会大不一样。你要知道，铁汉还有柔情的一面呢。"刘凌说："我不是什么铁汉，只是一只受伤的老虎而已，或许仍然是原来的那只病猫。我现在觉得心很累，已经没办法继续强硬下去了。"

　　终于有一天，他实在撑不下去了，开始主动与周围人和解，努力让自己变得温和友善一些，没想到居然轻容易就跟大家冰释前嫌了。解决了与外界的冲突，他的内心也和谐了，这才发现原来快乐是那么简单，只要别太生猛就可以了。

　　心中藏有猛虎，并不意味着冷硬刻薄、凶狠如虎，令人一见即不寒而栗，它指的是拥有坚毅的品性、不屈的性格、强悍不服输的作风，关键时刻懂得冷静，不肆意发威。心有猛虎，还要拥有细嗅蔷薇的儒雅。人不可戾气太重，对自己对他人对世界都要温柔一些，如此才能成为一个可亲可爱的人。

可以"意气风发"，不可"意气用事"

失败的原因有很多，其中最为关键的一种就是头脑不够冷静、太过意气用事。所谓的意气用事指的是思想偏激，孤注一掷，做事缺乏理性的判断，控制不住自己的脾气，冲动之下做出令人懊悔的蠢事。心智不成熟的愣头青常犯这样的错误，性情刚烈、桀骜不驯的人经过时光的磨砺，收敛锋芒以后，在头脑发热的情况下也有可能抛开理智，肆无忌惮地任性一回。可以说真正懂得冷静、能完全听从理性召唤的人，在现实生活中是少之又少。

归根结底，人是感情的动物，在大多数情况下我们都会听从内心的声音，所以自然会感情用事。而跟着直觉走，往往会犯下很多难以弥补的错误。

的确，一个人即使再冷静也会有失控的时候，谁都有感情用事的时候。运筹帷幄的战略家，有时内心起了波澜也会做出错误的决策；精明强干的企业家，有时也会因为自身的偏好和偏见而做出排斥异己、打压人才的举动；整天跟冰冷数字打交道的科学家，在面对广泛的质疑声和难以承受的压力时也会歇斯底里。而我们普通人没有头衔的束缚、没有身份的制约，更容易被冲动的情绪所绑架。

在生活中，因为意气用事而搞得一团糟的例子比比皆是。譬如在公司和同事发生了矛盾，立即放下工作吵吵嚷嚷，闹得满城风雨，不仅伤了和气，还影响到了团队合作，给上司和老板留下极坏的印象，由此错过了晋升的机会；再比如在公众场合与陌生人发生了一点小小的摩擦便破口大骂，丝毫不顾忌自己的形象，这个场景要是被重要人物看在眼里，你可能就会与一笔大单或者一个不错的发展平台失之交臂；又如有了一点误会，本可以息事宁人，却偏偏要把事情闹大，最后自己反而吃了大亏。这些例子足以说明，在本该理性对待问题的时候意气用事，最终受害的还是自己。

林峰和同事小王发生了口角，两人寸步不让，越吵越凶，最后闹到了主管那里，主管严厉批评了他们："你们知不知道客户催过我好几次，还剩三天就到截止日期了，到时候交不出像样的策划方案来让我怎么跟客户交代？都到了火烧眉毛的时候了，你们还有闲心吵架，你们俩的表现真是太让我失望了。"

事后，主管就像对林峰有成见似的，在平时的工作中总是故意找碴儿，不管林峰多么努力工作都不认可他。林峰很郁闷，过了很长一段时间才弄清楚主管变脸的原因。原来因为上次他和小王吵架耽误了工作，迫使主管把上交策划案的截止日期延后了一天，弄得客户很不满意，当场把主管狠狠地数落了一顿。主管每每想起都感到很窝火，一上火就拿林峰撒气，从此再也没给过林峰一个好脸色。

林峰默默忍受了一段时间，最后决定另谋高就。他偷偷地在招聘网站上投递了好几份简历，没过多久就得到了回复。面试进行得很顺利，用人单位很爽快地告诉他，随时欢迎他来公司上班。第二天，林峰就向主管递交了辞职信，主管爽快地批复了。林峰本以为这下就能脱离苦海，找到另一根梧桐枝栖息了，可没想到噩梦才刚刚开始。

主管一反常态地把公司的全体员工叫来，大方地请大家聚餐，说是为林峰饯行。席间，主管对林峰百般夸奖，还号召所有员工都向他学习。小王不屑地撇了撇嘴，林峰也感觉浑身不自在。"放心吧，这又不是鸿门宴，你千万别多想，大家共事这么久，也算有缘分，今天我是诚心为你饯行的，祝你在另一家公司发展得更好。"主管如是说。

林峰多喝了几杯酒，微微有了几分醉意，趁着酒劲发泄似的指责道："不是你把我逼走的吗？还祝我在另一家公司发展得更好，真是好笑。坦白说，那家公司论规模、资历和待遇都比不上这里，我到那里其实是在走下坡路。不过我宁愿走下坡路，也不愿待在这里受气。""你喝醉了。"主管不动声色地说。林峰的意识其实是清醒的，他知道自己失态了，略感尴尬，随便找了个借口便提前离场了。

等他到新公司上班时，却被告知公司招募到了更合适的员工，不需要再招募新人了。林峰觉得很蹊跷，一再追问发生了什么事情，人力资源主管最后道出了实情：公司招聘新人按照惯例，会向上一家公司核实情况，他根据林峰提供的固定电话号码联系到了其供职单位的部门主管。林峰留的是经理办公室的电话号码，他万万没想到接电话的会是部门主管。得知真相后，他后悔不迭，可惜一切都已经无法挽回了。

年轻人涉世不深，身上有很多锋利的棱角，有锐气、有锋芒、有脾气，很容易被意气相激做出极端的事情来，葬送大好的前程。生活告诉我们，做人做事永远都不要走极端，任何情况下都不能冲动任性，否则就会后悔莫及。

做一个虚怀若谷、平易近人的人

人类天性喜欢卖弄，只要自己在某一方面格外突出就迫不及待地想要彰显给别人看，唯恐天下人不知，这是骨子里的优越感在作怪。很多年轻人在没有实战本领的情况下，偏偏忍不住要到处显示优越感，骨子里透着一种与生俱来的骄傲，自以为头顶"学霸"光环，曾经有过光鲜的履历，在校园里做过叱咤一时的风云人物，就能赢得他人的钦佩和认可，可结果往往事与愿违，招来不少人的反感。

但凡懂得冷静的人都会不遗余力地展现自己的亲和力，从不居高临下、从不妄自尊大，即便在某些方面真的高人一筹也不会招人厌。所以从某种意义上说，一个虚怀若谷、平易近人的人通常是没有敌人的，人之所以处处树敌，多半是因为自己为人处世的方式存在严重问题。你可以优秀，但不能在言行和眼神里处处显露出高人一等的优越感，因为对别人来说，那是轻视和挑衅的信号，没有人可以忍受这种被蔑视被羞辱的感觉。你无视别人的感受，整天沾沾自喜、自鸣得意，当然会引发敌意。

法国哲学家罗西法古曾经说过："如果你要得到仇人，就表现得比你的朋友优越吧；如果你要得到朋友，就要让你的朋友表现得比你优越。"这句话的确是至理名言。与某些老员工相比，你的学历更高、反应能力更快、接受新事物的能力更强，可能会被雇主当作专业人才重点培养，在这种时候千万不要优越感爆棚，不把资深的老员工放在眼里，因为那样做你就有可能成为众矢之的。

吴涛毕业于浙江大学，研究生学历，在学校各方面的表现都出类拔萃，被誉为新时期的江南才子。他刚刚参加工作就受到了老板的格外重视，被当作企业重点培养的对象。实习期刚过，老板就放心地把好几个重要的项目交给他来做。吴涛不仅具有扎实的理论知识，动手能力也很强，脑筋非常活络，几乎能够现学现用，所以才会被慧眼识才的老板看好。假如他能和公司里的老员工打成一片的话，在大家的通力配合下肯定能够如期完成老板交给自己的任务。可问题在于，吴涛不知道该如何跟老员工打交道，他觉得某些老员工喜欢倚老卖老、不好相处，其中有不少人嫉妒他，故意处处刁难他、不肯配合。

在这种不友好的氛围中工作真是一件痛苦的事情。有一天有个老员工因事请了一天假，资料整理了 2/3 就走了，吴涛很生气，等那位老员工复工的时候忍不住指责道："你没听说过'今日事今日毕'吗？你就不能晚半个小时再离开吗？知不知道你那么做，拖慢了整个项目组的速度……"老员工不客气地回敬道："小伙子，你才来公司多久，对项目又了解多少呢？我吃的盐比你走的路都多，项目该以什么样的速度进行我比你更清楚，你有什么资格教训我？"

另外一名老员工也用同样的口吻说："人家可是研究生，学问大得很，瞧不起我们这群文化水平低的老人儿。"吴涛刚想反驳，又有一位老员工挖苦道："人家年轻有为，才高八斗、学富五车，又是老板面前的红人，哪像我们这些人，光长岁数不长能耐，他看不起我们是有道理的，他一个人就能把所有的项目搞定，根本用不着我们这群老废物。"在接下来的时间里，老员工们故意拖慢工作进度，无论吴涛怎么催促都没用，最后项目被延迟了一个多月才完成。

当老板追究责任的时候，吴涛很委屈地说："我已经使出洪荒之力了，错不在我，是那群老员工故意消极怠工，我实在拿他们没办法。"老板叹了口气说："小吴啊，你很聪明，又有自己的想法，身上有一股钻研精神，比较适合做项目开发工作，但美中不足的是不知道该怎么领导团队，不知道该怎么跟老员工和平共处，这说明你还有些稚嫩，需要更多的历练。"说完，就把吴涛下放到了基层，让他从技术工种干起。吴涛从云端跌落到了低谷，心情无比郁闷，坚持不到两个月，就黯然离开了公司。

在自己春风得意时，一定要懂得冷静，千万不能趾高气扬，平时多多虚心向老员工请教，让对方意识到你是晚辈，资历远不如他们，实战能力还有所欠缺，乐于以他们为师，愿意真心实意地向他们求教，总之，应尽可能地把优越感让给对方，这样别人就不会把你当成威胁了，日后也许会处处帮助你、提点你。

记住，不要轻易质疑身边同事的学识和能力，或许他们在某些方面确实不如你，但作为久经磨砺的沙场老将，他们的阅历和经验远比你丰富，虚心向对方取经，你不仅能够吸纳更多有用的知识，汲取更多的实战经验，还能在教学相长的学习过程中让对方感觉到你的敬意和尊重，消解彼此之间的矛盾与敌意，创造出和谐融洽的人际氛围来，为自己营造更为有利的生存环境。

第七章

有教养不骄躁：

品格比能力更重要

古希腊哲学家德谟克利特曾说过："有教养的人的遗产，比那些无知的人的财富更有价值。"懂得冷静，是一种教养，它跟循规蹈矩、墨守成规是两码事。有人把粗俗不堪的率性当成了一种修养，认为此举裸呈了最真诚的灵魂，突破了条条框框的限制，比包装出来的格调更值得推崇。

能力和品格究竟哪个更重要呢？有人认为是能力，因为如若没有能力，品格再高也不能出头。但其实不然，如果两者不能并驾齐驱，人们宁愿退而求其次，选择能力略逊一筹，但品格高、德行好的人，也不会选择能力出众而人品奇差的人。这是毋庸置疑的。

做人要厚道

在所有可贵的品质当中，厚道永远占有一席之地。诚恳、善良、宽容等美德皆与厚道有关。厚道之人，遇事懂得冷静，不同于牙尖嘴利的刻薄之人，他们会在别人蒙羞之际迟迟不做置评，为的是保全他人的颜面并给别人一个补救的机会。

在生活中，我们常听人说："做人要厚道。"那么何为厚道呢？厚道并不是糊里糊涂做人、没准则没界限，对什么事都睁一只眼闭一只眼，而是指在无关原则的事情上要宽以待人，要用宽厚仁慈的态度对待他人，不要为了自己嘴上或心里痛快就做出伤害别人的事情来。厚道之人，最大的特点就是看到别人犯错了不讽刺不挖苦，愿意给人台阶下，公共场合不给人难堪，私下里不算计别人，也不说任何人的坏话。厚道的人宅心仁厚，不偏狭不过激，身上自有那么一股大家风范，始终给人以心平气和的感觉，让人觉得踏实可信，与之相处有一种如沐春风之感。

如今，广受欢迎的并非是八面玲珑的聪明人，而是宅心仁厚的老实人。原因很简单，有人为了凸显自己的智慧经常会做出一些非常不厚道的事，在无形中伤害到别人的自尊心，不知不觉便与人产生了芥蒂。

李国栋是一名建筑商，凭借着精明的商业头脑和干练的行事风格，摸爬滚打数年以后终于在业界赢得了一席之地。30 岁那年，他的事业渐有起色，被同行广泛看好。有人断言，不出十年，李国栋就能成为建筑行业中的大鳄。然而事情与人们预料的完全不一样，两年后，李国栋不仅没能崭露头角，反而差点破产。所有与李国栋近距离接触过的人都抱怨他这个人太过刻薄不好相处，跟他合作简直就是活受罪，如果能找到下家绝不和这种人打交道。正是由于这个原因，使李国栋错失了很多合作的机会，事业也陷入了低谷。

有一天他和开发商谈合同，发现对方的领带打歪了，忍不住上前一步为其正了正领带，语气颇为不悦地说："干我们这行的都相信一个真理，那就是细节出品质，我们判断事物判断人都是参照的这个标准。我认为仪表不端正的人，不是理想的合作伙伴，你觉得呢？"开发商被他教训得哑口无言，只好尴尬离场。

还有一次，他和建筑材料供应商谈生意，为了进一步压低价格，他直言不讳地指出："据我所知，贵公司的资金周转出现了严重问题，所以才急着将一大批材料脱手。若是不能及时变现，怕是连员工的工资都发不出来了吧？贵公司处在这种境地之中，还能有什么谈判的筹码呢？就按我说的价格交易，早点成交，早点解决燃眉之急吧。"他那种讥讽的语气惹恼了供应商，供应商毫不示弱地回敬道："我们公司近期的财务状况确实不太好，但也不像你说的那么糟。我们提供的建筑材料在市场上很受欢迎，现在有好几个建筑商都有意购买我们的东西，这批材料随时可以变现。你提出的价格我们实在难以接受，我想其他的材料供应商也不会接受的。"

李国栋冷笑着说："别以为瘦死的骆驼比马大。你们的情况我再了解不过了，说句不好听的，你们已经到了苟延残喘的地步，急需输血，现在还讨价还价是不合时宜的，聪明人都不会这么办事。""趁火打劫不叫聪明，恕我直言，李老板，你这么做太不厚道了，没有多少人会真心实意地想跟你做生意的。"供应商恼羞成怒地说。

"商场讲什么厚道，厚待别人就是对自己刻薄。你不用再掩饰自己的不利处境了，既然我已经把那块遮羞布扯了下来，那么再掩饰也就没意思了。我提出的价格是不会更改的，你自己看着办吧。"李国栋笑笑说。供应商没有接受那个价格，他觉得自己被人狠狠地羞辱了，没有兴致再谈下去了，当场愤而离席。就这样，李国栋搞砸了一笔又一笔生意，名声越来越糟，愿意同他合作的人越来越少。慢慢地，他成了行业里最不受欢迎的人，他的事业受到了重创，从此一蹶不振。

刻薄待人，把别人逼得没有回旋余地，自己也有可能被逼得无路可退。凡事不可做尽，对人厚道一些就是善待自己。少些苛责、少些争执，不虚伪、不欺骗，不唯利是图，不做任何损人利己的事情，聪明但不机关算尽，懂得合作共赢，这样人生的道路才能越走越宽。

厚道之人，不仅有豁达的心胸，而且懂得为他人着想，绝不会为了满足个人的欲望而肆意践踏他人的人格尊严或有损他人的正当权益。厚道体现的是人性的光辉，是美德最好的注解，它就像冬日的暖阳一样让人身心俱暖，又像夏日的凉风一样让人备感舒爽。因此人人皆爱厚道之人，而讨厌刻薄寡义之人，前者能换来"得道者多助"的美好结局，而后者将陷入"失道者寡助"的僵局。

本分做人，踏实做事

人是一种功利和现实的高级动物，人们做事的动机大都与"功利"二字有关，得不到实惠和好处的事情向来少有人参与。利益是诱人的甜点，人人皆趋之若鹜，面对利益的诱惑懂得冷静的人可谓是凤毛麟角。在学校里，对学分没有帮助的活动响应者寥寥无几，可是一些乏味无趣且不具意义的事情一旦与奖学金挂钩，学生们便争先恐后地去做。步入社会以后，我们更会像植物趋光一样趋向功利，无论是择业就业还是为人处世都从现实利益出发，变得越来越精于算计。

有关功利的一切都是很有诱惑力的，因为它披上了理想的外衣。在这个前提下，经过包装，你的努力你的奋斗会掩盖住浮夸和世俗的本色，一切都变得那么光鲜明艳，令人神往。然而现实是残酷的，一心渴望功成名就的你未必能够顺利脱颖而出，若是能力有限，又偏偏急功近利，就很有可能成为千军万马中倒下来的炮灰。

孙萌是一个非常有规划的人，刚刚入职就给自己制定了一个非常高远的目标：争取两年之内晋升到年薪百万的金领阶层。他很庆幸自己没有走任何弯路，就直接进入了"钱途"看好的销售领域，这样只要业绩足够好，就能拿到高额的提成，而他的同学大部分都成了普普通通的工薪族，薪资涨幅非常有限，即使奋斗一辈子大概也赚不到100

万元。

想到这里，孙萌很为自己的选择感到自豪。他想，两年之后，他和同学的身份地位将拉开档次，到时他必定会风光无限，所有的同学都将向他投来羡慕嫉妒恨的目光。孙萌并不是一个空想家，而是一个行动派。为了提升业绩、多签几份大单，他可谓是煞费苦心。他花费了大量时间，通过各种途径摸清了客户的喜好和需求，有计划有步骤地攻克对方的心理防线，然后看准时机，及时地递上订单，促成了一笔又一笔生意。

有个客户有严重的胃病，四处求医无果，长年承受着病痛的折磨。孙萌听说了这件事情，到处托人打听治疗胃病的方法以及特效药，为客户提供了很多建议。客户很感动，主动跟他签了一笔大单，算是对他的答谢。孙萌因为月末的这笔大单，业绩迅速蹿升，冲入了名单的前十名，被老板誉为半路杀出的一匹黑马，拿到了一笔丰厚奖金。

时间过得很快，一个月转瞬即逝，眼看到了月底，孙萌发现自己的业绩已经跌出了前十名的榜单，于是又央求患有胃病的顾客购买公司的产品，帮助自己冲业绩。那位顾客上个月已经花了大价钱购买了自己不需要的产品，这次无论如何都不肯再花冤枉钱了。孙萌遭到了直接的拒绝，他非常恼火，狠狠地挂了电话，挂电话前还说了很多难听的话，顾客这才看清楚他的本来面目。

后来，公司把业务拓展到了海外，孙萌为了谋求个人利益，答应优先给海外的经销商安排货源，把本该发给其他经销商的货物改发给了海外的经销商，从中捞到一些好处费，一次获利高达 7 万元。他把赚来的钱全部都用在了吃喝玩乐等享受上。他想，只要自己多联系一些出手阔绰的经销商，也许不到一年就能实现年薪百万的梦想。由于私下里接连吃回扣，孙萌的腰包瞬间鼓了起来，他出手越来越大方，但他的劣迹很快被公司主管发现了，不久就被开除了。孙萌失去了最佳的发展平台，从此一蹶不振，成了一个彻头彻尾的失败者。

仔细观察你就会发现，真正成大事者，在功利面前皆懂得保持冷静。他们并非圣人，也并非没有半点功利心，但对功利从来都不会太过狂热，在某些时候，他们会主动让渡利益、做出一些牺牲，或者看淡功利，执着于眼前的事情，最终反而会得到更多的报偿。

好莱坞导演詹姆斯·卡梅隆在筹拍经典大片《泰坦尼克号》时，为了获得超出预算的资金而自愿放弃片酬，结果拍出了全球最卖座的电影，一跃成为炙手可热的电影人物，所获得的分红是原来片酬的无数倍。

可见，不那么热心于功利，不那么工于算计、斤斤计较的人，反而更容易在功利的世界里分到更大的蛋糕。而赤裸裸的现实主义者，只想着利益、金钱，把事业当成了牟利的手段，尚未付出就想获得高额回报，无论对谁都锱铢必较，所得的不过是蝇头小利罢了，永远都不可能得偿所愿。功利心可以成为鞭策人上进的动力，也可以变成一块跨不过去的绊脚石，有时你离功利越近反而离成功越远，而主动远离功利，本本分分做人、踏踏实实做事，反而更容易走向成功。

不要轻易责难别人

柴静在《看见》一书中曾这样写道："宽容的基础是理解，你理解吗？宽容不是道德，而是认识。唯有深刻地认识事物，才能对人和世界的复杂性有所了解和体谅，才有不轻易责难和赞美的思维习惯。"的确，很多时候，我们责难别人是因为不了解、不宽容、不体谅，在对一个人缺乏认识的时候就轻易下了论断。

人是一种感性的动物，我们的思想和行为经常会受到情感的左右。基于个人的好恶，我们习惯了轻易评论和指责别人，懒得了解背后的真相，也没有兴趣理解我们不喜欢的人。而其实这样做，对别人是非常不公平不公正的。有些事情你没有亲身经历过，便永远无法体会，永远无法感同身受。任何人做事都有他的动机和理由，你不知道背后的原因，就不要不分青红皂白地指责别人。在把愤怒的手指戳向别人之前，一定要懂得冷静，先了解一下事情的原委，给予对方辩白的机会，努力抛开一切主观的判断，还原事实真相，这样才能做出公正合理的判断。

一位医生接到医院的紧急电话，便风尘仆仆地从外面赶到了医院，迅速换上白大褂，准备为病危的患者实施紧急手术。患者的父亲见了医生之后非常愤怒，忍不住指责道："你怎么现在才来，有你这么当医生的吗？难道你不知道我的儿子现在正在生死边缘挣扎，随时都有生命危险吗？作为医生，你没有一点职业操守、没有一点责任心，真是太过分了。"

医生赶忙解释道："对不起，刚才我不在医院，接到紧急手术的电话马上就赶来了。你的心情我了解，别太激动了，先冷静一下。"这位父亲听了这套说辞，更生气了："现在都什么时候了，你居然还让我冷静？如果躺在手术台上的是你自己的儿子，你会怎么样，能冷静吗？如果你也遇上一个不称职的医生，又会怎么样？"

医生说："我会祝福他，为他祈祷，希望他能平安地从手术台上走下来。""只有漠视生命的人才会说出这种话。祈祷，祈祷有什么用？我儿子的生与死同运气无关，完全掌握在你的手上，他要是下不了手术台，责任在你，你明白吗？"患者的父亲恼怒地说。医生没有再说话，开始为男孩实施手术。

时间一分一秒地过去了，男孩的父亲心急如焚，仿佛随时都有可能精神崩溃。手术紧张地进行着，一切进行得都很顺利，经过数小时的奋战，医生将生命垂危的男孩从死神手里抢救了回来。他如释重负地走出手术室，高兴地对男孩的父亲说："谢天谢地，手术成功了，你的儿子已经脱离生命危险了，他得救了！"男孩的父亲激动得说不出话来。医生没等他答话，便径自转身离开了，临走前只留下了一句话："如果你有什么问题，直接问护士吧。我还有事，先走了。"

看着医生离去的背影，男孩的父亲忍不住抱怨道："他怎么这么性急呀，连几分钟的时间都腾不出来吗？不能给我说说我儿子的具体情况吗？"护士听了这话，难过得流下了眼泪："你有所不知，他的儿子昨天出车祸死了。医院打电话让他赶来做紧急手术的时候，他正怀着悲恸的心情赶往殡仪馆。现在，他把你的儿子成功救活了，履行完了医生的职责，就该去履行一个父亲的职责，赶去参加自己儿子的葬礼了。"

男孩的父亲万万没想到事情的真相居然是这样的，他原本以为医生渎职，不把患者的生命放在心上，不到最后一刻不肯出现在手术现场，连像样的准备工作都没做，现在他才知道事实和他想象的完全不一样。那位医生本来已经请了假，正在为去世的儿子安排身后事，接到电话后想都没想就赶了过来。男孩的父亲想象不到，那位医生是怎样克制住内心的悲恸，推迟儿子的葬礼，匆匆赶去救一个素不相识的人。这需要多大的定力呀！看到别人的儿子活了下来，自己的儿子却永远地离开了这个世界，心里该多么不是滋味啊！

男孩的父亲思来想去，感到非常后悔，事后他亲自登门向那位医生道了歉。医生说："这没什么，我也是一位父亲，理解你的心情，"男孩的父亲说："也许我无法理解你的心情、无法感受到你正承受着的悲恸，但同为父亲，我为你感到遗憾，希望你能节哀顺变。除了表达歉意以外，我还要对你说声谢谢，感谢你救活了我的儿子，我代表我们全家由衷地感谢你。"

你看到的很可能只是事情的表象，你并不知道它的背后隐藏着什么不为人知的事情，别人正经历着怎样的悲苦和磨难，他的生活里究竟发生了什么你全然不知，在这种情况下，你是没有资格对别人品头论足的。不要轻易责难别人，不要轻易伤害任何人的感情，要学会体谅他人，以慈悲心和怜悯心对待他人。当你充分了解了人世间的艰辛和生活的心酸以后，就会明白每个人活着其实都不容易，所以人与人不该互相为难，要彼此理解、彼此包容，尽量把温暖和光明带给别人，永远不要不假思索地指责与伤害任何人。

学会悦纳自我包容别人

心理学上有这样一个理论：当你无法容忍一个人身上某个显著的缺点时，你自己也可能具有类似的缺点。你对他人的不良印象其实是对自我形象的投射，比如你是一个非常内向的人，平时沉默寡言，置身于茫茫人海经常茫然四顾、不知所措，偶然发现有人比你还要沉默，你会莫名为其感到尴尬，甚至莫名排斥那个和你高度类似的人；再比如你是一个性情反复无常的人，脾气急躁火暴，有时表现得很狂躁，有时又很懦弱，当你在另一个人身上发现类似的弱点时就会莫名地讨厌这个人，起因仅仅是由于他跟你有着一样的特质。

当相同的缺点投射到别人身上时，往往会被放大上百倍，这就好比你脸上有一颗小小的黑痣，揽镜自顾时却发现它变成了一颗丑陋的大黑痣，面对此情此景你不能冷静，是因为从别人身上你看到了自己不那么美好的一面，有一种如芒在背的感觉。在潜意识里，你并不想承认自己的真实感受，所以才会迁怒于人。其实大可不必这样。别人并不是你的影子，也不是你的复制品，你不该把对自己的厌憎施加到别人身上。平时要学会反躬自省，正确对待自己的缺点，还要学会悦纳自我、包容别人，尽可能地让自己少些暴戾之气，如此你才能拥有一个平和的心境，一个和谐融洽的人文氛围。

徐光非常讨厌自己的同事，有一天他向朋友抱怨说："如果不是因为工作关系非要在一起共事，我和他们真的会老死不相往来。""不会吧，难道你们是极品冤家？不妨说说看，他们身上都有哪些毛病，怎么碍着你的眼了？"朋友用半开玩笑的语气问。徐光不假思索地说："先说小侯吧，他这个人非常懦弱，无论做什么事自己都拿不定主意，事事依赖别人，就像一个没有主心骨的小孩子一样，和他共事特别累。"

朋友想了想说："你身上好像也有类似的毛病吧。你平时不也总是举棋不定吗？所以我才能时常扮演参谋的角色啊。其实我挺愿意为你出主意的，你凡事都想听听我的意见，是因为信任我。一直以来，我都是这样认为的。你和小侯相处不来，我觉得主要是因为你们两个都不喜欢自己拿主意，都想依赖对方，不能形成性格的互补。"

徐光沉吟了一会儿说："或许吧。再说说小武吧，他是一个个性直率的人，平时大大咧咧的，总是哪壶不开提哪壶，真让人受不了。"朋友听完这番评价又笑了："你似乎也是这样的人。你们俩应该谈得来才对呀，都属于敢爱敢恨、心直口快的类型，你为什么讨厌他呢？"徐光皱眉道："他说话真的很难听，讲话经常不经过大脑，简直就是个弱智。我平时说话真的是这样吗？"朋友笑而不答。

徐光深深地叹了口气："好吧好吧，就算我也是一个直来直去的人，但至少比他有分寸，情商和智商都要比他略高一点。再说说小谷吧，他是一个不折不扣的完美主义者，无论做什么事情都要求尽善尽美，总想把风险降至最低，工作极没效率，总拖大家后腿，不到最后一刻就拿不出像样的方案来，跟他一起共事，都能把人急死。"朋友抿嘴笑了笑，还没开口，徐光便主动承认道："我知道你想说什么了。你是想说我和小谷也是同类人，对吧？我们俩是有一些相似之处，不过并非同道中人。我做事只要求百分之百的好，可他呢，要求百分之一百二十的好。我的工作效率比他要高很多，不像他，不到万事俱备坚决不肯动手干活。"

"看来，你们之间的关系正应了民间的那句老话'不是一家人，不进一家门'。人都说物以类聚，你能遇到跟自己高度类似的人，本该觉得分外投缘才对，为什么莫名讨厌人家呢？"朋友不解地问。徐光说："看到他们，我就有一种被打脸的感觉。尽管我不愿承认，但却欺骗不了自己，他们身上的毛病我一样都不少。以前我觉得它们都是一些微小的瑕疵，没什么要紧的，可是投射到别人身上时就会被无限放大。看到他们，我就莫名感到羞愧，你明白我的感受吗？"

"我明白。这就好比一个人长得不协调，在不照镜子的时候没发现自己有什么不好，而有一天突然照了下镜子，发现自己长得并不美，还有一点丑，自尊心受到了打击，于是就责怪镜中的影像。"朋友解析道，"我觉得你不该对自己求全责备，每个人都有优点和缺点，你换个角度看自己，会发现一个全新的自我形象；换个角度看别人，会得出一个截然不同的结论。等你处理好了跟自己的关系，基本上也就能处理好跟别人的关系了。"

徐光点点头说："或许你说得对，但要做到这一点又谈何容易啊？"

从别人身上看到自己的缺点，不必过于惊诧，也不必过于恼火，毕竟人性有着许多共通之处，人与人之间是有可能存在相似的弱点的。弱点没有版权纠纷，它不具备排他性，你有的弱点别人也可以拥有，不要因为这个原因憎恶和讨厌别人。别人的存在，不是为了充当你的镜子，你恰巧从中看到了自己不那么光辉的一面，错不在别人，而在你自己身上，你没有理由去怪罪别人。

如果你一定要以他人为镜，不妨学学孔圣人："择其善者而从之，其不善者而改之。"努力学习别人身上的优点，把别人的缺点当成一种参照，如果自己也有相同的缺点应加以改正。从这个角度来说，别人映射出你的缺点未必是一件坏事，它有助于你及时自省，不断完善自身，因此你不但不该怪罪与自己有着相同缺陷的人，还应当感激对方才是。

不要把罪责推给别人

俗话说得好："人非圣贤，孰能无过。"每个人都会犯错，但不是所有人都有勇气承认错误，人们在做了错事或遭遇挫败的时候普遍喜欢找替罪羊，以此来减轻内心的负罪感：比如学生考试没考好，怪罪老师教育方法有问题；家庭主妇晚餐没做好，怪罪孩子站在旁边碍手碍脚；男人事业不成功，怪罪女人情感不独立，不能让自己安心在外面打拼；自己没把文件分门别类地管理好，却怪罪别人胡乱翻看，打乱了原有的顺序；不小心撞到了障碍物，责怪障碍物挡路，撞了自己……

以上种种表现都是巨婴心理在作怪。所谓的巨婴指的是长不大的成年人，他们拥有成年人的外貌和仪态，可心理却像襁褓中的婴孩一样不成熟，不愿为自己的行为承担任何责任。因为没有人会要求一个婴儿静下心、懂得冷静，为自己的所作所为负责，只要不高兴他就可以尽情地哭闹，让周围所有的人都手忙脚乱。成年人犯了错之后，不但不思悔改，反而急于把责任推到别人身上，多半是因为没有摆脱巨婴心理，在内心深处还把自己当成需要呵护的婴儿。

不知你是否记得，在蹒跚学步的孩提时代，不小心撞到了桌椅，碰伤了自己，你总是非常委屈，第一反应就是举起小拳头猛砸桌椅，似乎那些不会移动的物品才是罪魁祸首，而自己则是无辜的受害者。小时候桌椅成了替罪羊，长大之后别人成了替罪羊。桌椅受了冤枉没法反应，活生生的人却不可能平白受冤，面对你的无理指责别人有权反击自卫。如果你不能成熟起来，总是企图让别人代自己受过，那么就会陷入无休止的纷争之中。

范文飞总是感叹人生失意，整天牢骚满腹，要么责怪父母没能耐，不能给他提供优越的成长条件；要么怪女友太过物质，给他增添了太多的经济压力和精神压力，害得他不能游刃有余地掌控生活；要么怪老板太过急功近利，总逼他加班，使他身心俱疲，再也腾不出心力来搞创意。

范文飞怨恨周围所有人，觉得每个人都应该为他失败的人生买单，而他自己没有做错任何事，不需要为过往的一切承担任何责任，他的这种态度激怒了很多人。有一天，老板宣布全体员工留下来加班，务必在周五晚上赶出成型的提案来。范文飞很不高兴地说："整天说我江郎才尽，脑袋不灵光了，这能怪我吗？把人当机器用，谁的精力不会被榨干啊？"老板说："你的同事全都采用同样的工作模式工作，为什么别人的创意就层出不穷，而你却什么都想不出来呢？问题明明出在你自己身上，整天怨天尤人是不能解决任何问题的。"范文飞不服气地说："人才和人力是要区别对待的，总之，你用管理人力的方式管理人才就是不对。""人才也要为企业服务吧，如果所有人的工作态度都像你一样，那要到什么时候才能提交出成型的提案来？难道要让竞争对手抢先吗？这个项目我们必须拿下，这是不容置疑的。你要是不愿意留下来工作，那就主动退出吧，不过等到项目盈利了，你可千万别跑过来要求分一杯羹。"

范文飞无话可说了。他不得不承认自己的创意枯竭了，再也想不出什么新鲜的东西，他不知道这一切是怎么发生的，心想也许是年纪大了、观念落伍了，跟不上时代的潮流了吧。他不愿承认这一点，把问题归咎到了工作模式不合理上。

回到租住的公寓后，他感到分外郁闷，偏偏这时候女友又催他上进，要求他早点全款买房，并暗示他说只要有了固定的居所，两人就可以把婚事确定下来。范文飞一听，立即火冒三丈："你是想嫁给房子还是想嫁给我？整天在我耳边唠叨买房子，你知道给我造成了多大的心理压力吗？我现在上班都静不下心来，一个新奇的点子都想不出来，今天刚被老板批评了一顿，你现在又给我气受，难道想把我逼到绝境吗？"女友不解地说："你想不出点子，被老板批评，难道是我的错吗？""我的灵感全被你的唠叨声吓跑了。"范文飞理直气壮地说。"好吧，从今天开始我闭嘴，看你能不能想出好点子来。"女友说到做到，从此不在范文飞耳边唠叨了，可是范文飞却依然没有捕捉到灵感。

有一天，他趴在书案上冥思苦想，什么也想不出来，父亲怕他累着，催促他早点休息，没想到他却借题发挥道："我天生就是劳碌命，哪儿敢停下来休息？你要是也像别人的父亲那样有本事有能耐，我至于沦落到今天这个地步吗？"父亲一愣，不敢相信儿子居然能说出这样的话来，不由得暗暗伤心，父子之间的关系从此有了裂痕。

古人云："知错能改，善莫大焉。"犯了错不要紧，只要能知错就改，随时都可以亡羊补牢、将功补过。而犯了错，把罪责推给别人，既不利于自己改过，又会加剧人际间的冲突，这么做实在是有百害而无一利。你要学会把目光从别人身上移开，从自己身上找问题，坦白认错，诚实地面对自己、面对他人，依靠自省的力量实现华丽的人格蜕变，彻底摆脱巨婴状态。

不把别人的难堪当成笑料

人既有审美心理，又有一种奇怪的审丑心理，故看到别人当众出丑总忍不住要幸灾乐祸。比如很多人听到某个一贯严肃庄重、一本正经的人打嗝儿，或者看到德高望重的大学教授在众目睽睽之下狼狈地摔倒，第一反应就是幸灾乐祸地哈哈大笑，把别人的难堪当成十足的笑料，根本就不在乎对方的心理感受。

每个人都害怕当众出丑，因为那种在聚光灯下无处遁形的感觉非常不是滋味，可是有些人看到别人由于疏忽大意而出丑不但没有表现出丝毫的同情，反而把它当成了自己的快乐，这是为什么呢？从心理学上讲，人在潜意识中有一种好比较的倾向，而想要证明自己更聪明、更能干、更强大、更幸运，最直接的方式就是先证明他人是愚蠢的、可笑的、滑稽的、脆弱的、倒霉的。在别人的形象倒下的一刹那，自己高大完美的形象就"树立"起来了。

在自己被成全之后，那么受到嘲笑的人会怎样呢？心胸开阔的人，可能会一笑置之，但个性敏感、自尊心非常强的人无论时隔多久都会心有余悸，脑海里会不停地回放那次负面事件，而你那尖锐的笑声则很有可能成为对方永久的梦魇，你也极有可能因此成为对方最痛恨的人。如果在别人最难堪的时候你不懂得冷静，肆无忌惮地大笑一场，给别人的心灵造成了挥之不去的伤害，那么别人确实有一万个理由反感你、憎恶你。

做人还是宽厚一些为好，自己痛恨被嘲笑的感觉，就不要公然嘲笑任何人，在他人出丑的时候为其保留一点颜面，事后见面时也不至于太尴尬。

周悦和小袁在走下楼梯的时候，看到同事小牧脚下一滑，忽然摔倒在地，高跟鞋鞋跟当场便断裂了，发出咔嚓的响声。小牧身材肥胖，挣扎了半天也没能从光滑的地板上顺利站起来。小袁见状，忍不住哈哈大笑起来，仿佛看到了天底下最好笑的滑稽剧一般。而周悦则不声不响地走过去，将小牧扶了起来，关心地问："你没事吧，有没有受伤？"小牧红着脸低头道："没事。让你们见笑了。"周悦忙说："地板很滑，谁都有可能摔倒，这没什么，你别太难为情了。放心吧，我不会把这件事说出去的。"

小牧真诚地向周悦道了谢，紧接着便把目光转向了小袁，小袁还在咯咯地笑个不停，见小牧紧张地盯着自己，也打包票说："我也不会乱说的，我的嘴巴最严了，自己笑够了也就算了，不会再把这种无聊的笑料讲给别人听的。"虽然两人均遵守了诺言，没有再提过这件事，但小牧心里仍然很不舒服，每每想起小袁幸灾乐祸狂笑的样子，她就恨得牙痒。所以在日后的工作中，她教小袁做事总是有所保留，小袁也因此失去了许多成长进步的机会。

小袁得罪了小牧，学到的东西大打折扣，他仍然不思悔改，看到别人出丑依旧幸灾乐祸。有一次公司开庆功宴，老板大张旗鼓地宴请全体员工吃大餐，大家都很高兴，吃得心满意足，玩得不亦乐乎。当日，老板多喝了几杯，手微微有些颤抖，夹菜的时候不小心把一口菜掉到了饭桌上，他想都没想，就在众目睽睽之下把饭桌上的菜夹进嘴里吃了。员工们默然无声，只有小袁忍不住哈哈大笑起来，他第一次见老板从桌上捡菜吃，觉得这一幕简直滑天下之大稽，笑得差点背过气去。

听到这刺耳的笑声，老板惊得酒醒了大半，他这才意识到自己刚才失态了。事后，每每想起此事，他都会觉得无地自容。这位老板乃穷苦出身，平时非常爱惜粮食，每次用餐都会把食物吃得干干净净，开庆功宴那天他不小心把菜抖搂到了桌上，条件反射般地将其夹起来吃掉了，那完全是下意识的动作，本来觉得没什么，而被小袁惊天地泣鬼神地一笑，这才觉得自己当众丢了脸。此后，每每看到小袁，他都会想起那段不愉快的经历，为了忘记尴尬的往事，他随便找了个理由就把小袁给辞退了。小袁直到被扫地出门，也没弄清楚自己究竟错在了哪里。

别人的尴尬、不堪或是悲惨境遇，应该成为我们生活中的笑料吗？它们真的具有娱乐功能和励志功能吗？答案当然是否定的。别人出糗遭殃，并不能让我们的形象更加高大，而倘若我们幸灾乐祸，人格发生扭曲，自己反倒是矮了半分。一个心怀善意的人，任何时候都不会幸灾乐祸地欣赏别人的窘迫，他会不动声色地帮助对方掩饰尴尬，事后绝不会提起，这既是对对方的尊重，也是对自己的尊重。

不要触碰别人的逆鳞

在生活中，常常有人因为一句看似漫不经心的玩笑便与他人伤了和气，事后每每想来都会百思不得其解，不明白别人为何如此小气，居然把一句无伤大雅的玩笑话当真了。其实不是别人小气，而是当事人被触到了逆鳞。传说龙的喉部以下约莫一尺的位置长有月牙状倒生的白色鳞片，俗称逆鳞。谁若不小心触碰了这个敏感地带，就会激怒真龙，引来杀身之祸。龙有逆鳞，人也一样，每个人身上都有敏感点和痛处，自己平时小心翼翼地呵护着、隐藏着，不敢触碰，若是被外人触到，自然会怒不可遏。

但凡懂得冷静的人，即便一眼看到了别人的逆鳞也会装作视而不见，绝不会为了凸显自己的高明而冒险触碰逆鳞，更不会当众赤裸裸地将其揭露出来，以免对方难堪。有的人像探索新大陆一样寻找别人的逆鳞，背后交头接耳、指指点点。更有甚者，当众去拂他人的逆鳞，高调地验证以往的某个推断。这些做法都非常卑劣，只有肤浅自私的人才会有如此行径。

孙瑶从公司的新人里发现了一个跟自己年龄相仿的男士，对其格外关注。那个同事名叫裴胜，平时少言寡语，但并不高冷，脸上永远挂着暖心的微笑。有一天，孙瑶发现裴胜的脸上粘了一块块肉色的类似于创可贴的东西，非常好奇。她仔细观察了那种若有若无的东西，感觉非常有趣，忍不住问道："你脸上粘的是什么？不细看几乎看不出来，是新型的化妆技术吗？"裴胜没有正面回答她的问题，随便搪塞了几句便走开了。

孙瑶不甘心放过这么有趣的话题，几步追了上去，纠缠着问："快告诉我呀，你为什么往脸上粘胶布啊？"孙瑶平时说话嗓门儿就很大，心情一激动嗓门儿就更大了，她一喊，全体同事都听到了。同事纷纷放下手头的工作，凑到裴胜跟前去看，全都啧啧称奇："这东西与肤色无限接近，不细瞧还真看不出来。"裴胜神色慌张地说："没什么好稀奇的，大家赶快回到座位上工作吧，一会儿老板就来了。"同事们都很扫兴，唯有孙瑶兴致不减，逼迫裴胜说出实情："你就别让大家伤脑筋乱猜了，直接告诉大家，这东西是做什么用的不就得了，干吗吞吞吐吐、扭扭捏捏的，像个女孩子一样。"

裴胜万般无奈，只好说他脸上长了很大的痘痘，那一块块创可贴似的东西叫痘痘贴，颜色与肤色相近，是专门用来修复痘痕的。孙瑶听完这个解释，忍不住笑了起来："没想到你像女孩子似的，那么在乎脸上的痘痘啊。不过话说回来，你都多大了，还长青春痘，真是不可思议。"这句话深深刺痛了裴胜的心，若干年前，也有一个女孩子说过类似的话，她是他的初恋。她比他大四岁，气质出众，身上有一股迷人的成熟风韵，他无可救药地爱上了她，买了100朵玫瑰花摆成她的名字形状，以一种非常浪漫的方式向她表白，然而她却不为所动。理由很简单，她不喜欢年龄比自己小的男生。他反驳说，年龄和心智是不成正比的，年龄小的男生，如果心理成熟，一样懂得什么叫爱与呵护，同样可以给心爱的女生带来安全感。她不相信这个结论，非常生硬地说，她不认为满脸长着青春痘的男生能给自己带来安全感。

裴胜被这句话刺伤了，因为青春痘，因为那抹摆脱不掉的青涩和稚气，他失恋了。从此以后，他非常痛恨脸上的青春痘。为了祛痘，他买了不少美容产品，那些产品在最初使用时效果显著，可是过不了多久便失效了，根本抑制不住他脸上层出不穷的痘痘。到了现在，他仍然没有摆脱这个烦恼，于是他开始使用痘痘贴，可没想到第一天使用这东西就被孙瑶发现了，还搞得全体同事都知道了。

从来不发火的裴胜，因为被孙瑶触碰了逆鳞，立时恼羞成怒："请你说话注意一些，这里是办公室，不是随意闲聊的菜市场。"孙瑶没理他，依旧嘻嘻地笑个不停。过了一会儿，老板进来了，裴胜禀报说，孙瑶带头在办公时间说笑。老板大怒，当场宣布扣发孙瑶的全勤奖，并振振有词地说："在上班时间不务正业，浪费时间闲谈说笑，比迟到早退更加令人难以容忍。"孙瑶不敢吭声，心里暗暗叫屈，从此便开始讨厌裴胜，裴胜也更加讨厌她。风波过后，两人的关系越来越僵，几乎成了水火不容的对头。

逆鳞一词最早出现在《韩非子·说难》一文中，其文曰："夫龙之为虫也，柔可狎而骑也。然其喉下有逆鳞径尺，若人有撄之者，则必杀人。人主亦有逆鳞，说之者能无撄人主之逆鳞，则几矣。"意思是说龙喉咙下方长有倒生的鳞片，谁若是触碰了就会被无情杀害。君主也有倒生的逆鳞，游说的人只要不碰这块逆鳞，就称得上是擅长游说了。其实，普通人身上也都长有逆鳞，它可能带有某种隐秘性质，是一触即痛的伤口，人们不想提及，也不想让任何人指出。蓄意触碰别人的逆鳞是对他人最大的不敬，一个人无论心胸多么宽广、性情多么温和，都不可能容忍这种行为。所以如果你不想与人结怨，就千万不要去触碰别人的逆鳞。

乱贴"标签"容易造成误解

很多人都是地理决定论的忠实信奉者，热衷于根据地域特征给来自五湖四海的人贴上不同的标签，逢人便说"上海人个个精明，而且很排外""四川人全都能吃辣""东北人千杯不醉""东莞是个灯红酒绿的花花世界，从那里走出来的人背后都有很多说不清道不明的故事"……除了地域以外，人们还喜欢根据身份职业来划分人的种类，以醒目的标签来概括某类人的特征，比如管从事软件开发的男士叫 IT 男。提到这个名词，我们首先想到的是斯文、木讷，不懂浪漫等特征，当然还有不菲的收入；再比如管在城市中长大的女孩叫孔雀女。提到这个名词，我们首先想到的是娇生惯养、公主病、以自我为中心等负面的东西；又如管漂亮的女孩叫花瓶，似乎所有天生丽质的女子全都徒有其表，没有一点内在。

形形色色的人，被贴上了林林总总的标签，那么这种分类科学吗？当然不科学。我们既然深知这一点，那么为何还那么喜欢给人贴标签呢？答案很简单，是因为我们没有耐心，不愿意花费时间和精力去深入了解他人，只想像给物品归类一样将各种各样的人分门别类地贴上标签，以便于辨认。其实我们心里很清楚，这种简单粗暴的归类是对他人的一种极大冒犯，但却依然乐此不疲。乱贴标签，让我们对他人的认识停留在肤浅的层面，既容易造成误解，又不利于日常的沟通，更为糟糕的是，还会给别人带来一种被歧视被侮辱的感觉。每个人都相信自己是独一无二的存在，谁也不喜欢被简单定义，更不喜欢被贴上标签。所以不要用标签来判断任何人，尊重每一个个体，在全面了解一个人之前不要妄下论断，以免给别人的名誉造成伤害。

吴经理相信一方水土养一方人，理所当然地把手底下的员工划分成了南方人和北方人两大类。小耿是个地地道道的南方人，平时讲话慢条斯理的，文静得像个女孩子，身上散发着一股闷骚的气息。吴经理认为，南方人的这种性格特质干不了大事，既缺少风风火火的架势，又不够大气，注定适合做配角。所以，他从来没想过要提拔小耿，平时交付给他的都是一些基础性的工作。

在所有下属之中，吴经理最为看好的是小胡。小胡是一个典型的北方人，有想法有魄力，身上有一股杀伐决断的狠劲。吴经理一直都把小胡当成重点栽培的对象，对他的要求甚高，只要他出现一点状况就会不留情面地狠狠批评。而对待小耿，吴经理向来是和颜悦色的，因为他觉得南方人心眼儿小、没气量，话说重了势必会刺伤他的自尊心。而小胡是个北方人，看起来大大咧咧的，一副满不在乎的样子，话说轻了怕是不会放在心上。吴经理根据南方人和北方人的不同特点来管理这两个下属，本以为这种管理模式不存在任何问题，可后来他才知道这种管理方法是完全错误的，小耿和小胡并不是他想象中的样子。

小胡表面上粗枝大叶，像大部分北方人那样爽朗，但感受力却非常细腻，他很在乎领导对自己的评价，自尊心极容易受挫。有一段时间，他因为家事心神不宁，报告迟交了两天，吴经理深为不满，把他说成了扶不起的阿斗。自从被贴上这个标签之后，小胡性情大变，工作时间经常会坐着发呆，渐渐发展成了抑郁症，最后不得不休长假回家休养。

失去了小胡这个左膀右臂，吴经理做事开始力不从心，他的时间和精力有限，不可能什么事情都亲力亲为。老板建议提拔小耿，吴经理不以为然地说："小耿是个闷骚男，成不了什么气候。"老板说："你根本就不了解小耿，他其实是个很有想法的员工，一直都很上进，只可惜你没给他机会。""好吧，那我就破例提拔小耿，不过我真不相信南方人能担当大任。""你这是典型的地域偏见，谁说南方人做不了大事？不要这么早就下结论嘛。"

吴经理自重用小耿以后，完全颠覆了原来的认知。其实小耿是个很有魄力的小伙子，做事干净利落，一点也不比小胡差，他虽然讲话慢条斯理的，但工作起来效率颇高，身上也有一股雷厉风行的狠劲。事后，吴经理连连感叹，由于对南方人的偏见，他差点埋没了人才。

标签是一种辨识度极高的东西，它片面地概括了某一群体的共性而忽略了个体的差异性，往往给人留下非常刻板的印象。如果你热衷于用标签概括他人，就会被偏见束缚住，对别人做出非常不公正的评价。人性是复杂的，从不同的角度不同的层面我们往往能看到不同的内容。而贴标签的行为，某种程度上说是把人简单化和平面化了，所得出的结论往往是错误的。为了更好地认知这个世界，更客观全面地认识别人，我们必须要撕下林林总总的标签，把每一个人都当成有血有肉、有思想有差异的鲜活个体，真心实意地了解他们，不轻易评论任何人。

弱者最需要的是尊重

　　长期以来，人们都存在着这样一种误解，以为弱者最需要的就是慷慨的帮助和不计报偿的施舍，其实不是，他们最需要的是尊重。

　　许多人看到弱者，不管别人的意愿如何，都强迫对方接受施舍和同情，似乎行善是一种一厢情愿的事，别人不接受自己的好意就是不识时务。殊不知，居高临下的怜悯乃是对弱者的侮辱。每个人都有自尊心，弱者也不例外。在你眼中，他或许是个弱者，各方面的条件不能同你相提并论，但在他心目中，他是和你一样的人，一样可以依靠自己勤劳的双手来创造生活，根本就不需要你的施舍。不要责怪别人不愿领受你的一片好心，别人也有自己的权利。一个人无论境况多么糟糕，都希望活得有尊严，渴望顶天立地地站着，而不是跪下来乞怜，这是一种非常正常的心态，你若真的拥有悲悯之心，就应当无条件地成全别人，绝不用别人的不幸装点自己的脸面，懂得尊重别人的选择才是最大的善意。

　　沙雁兵是一名品学兼优的大学生，成绩名列前茅，各方面的表现都很出色，在校期间几乎年年拿奖学金。可惜，那点奖学金相对于昂贵的学费来说真的不算什么。由于家境贫寒，他不得不向学校申请助学金。在助学金审批下来之前，当地有几位小有名气的企业家为寒门学子捐助了一批冬衣，所有申请助学金的学生都自动成了受捐赠的对象。其实，沙雁兵并不缺冬衣，他的棉衣是母亲亲手缝制的，厚实保暖，穿在身上非常合适，他穿着它不知度过了多少个寒冷的冬天。

　　沙雁兵被迫接受了那件多余的冬衣，而令他万万没有想到的是，就是为了那件价值不超过200元的冬衣，他的自尊心竟遭到了无情的蹂躏。

　　学校为了表示对企业家的感谢，举办了"感恩的心"大型活动，要求所有的寒门学子登台高唱《感恩的心》，并参与相声小品等文艺节目，向台下的企业家致敬，还要眼含热泪发表感谢词。沙雁兵站在舞台上，觉得自己就像是一件展品或是一个道具，作用仅仅是用来表彰某些企业家的善行，他不知道这样被"展出之后"同学们会怎样看待自己，而台下的企业家个个春风满面。只捐赠了一点点物资就给自己挣足了面子，可谓是一笔非常划算的投资。

　　在台上，沙雁兵流下了泪水，不过那并不是感激的泪水，而是羞辱的泪水。他真不敢相信，为了区区200元钱的东西自己居然要履行这么多例行程序。如果可以选择的话，他绝不会接受那件冬衣。

　　寒来暑往，时间转眼就过去了，很快到了夏天，暑假来临了。沙雁兵没有回老家，而是选择了在当地打工。他想凭借自己的劳力赚点生活费，帮助家里减轻一点经济负担。他来到一家大型集团企业当小工，每天负责到库房里搬运杂物，月工资在1000元左右。尽管每天都很累，但沙雁兵感到很知足，因为这笔钱是他靠辛勤的劳动换来的，而不是别人施舍给他的。然而，公司里的员工却看不下去了，纷纷指责老板："怎么能让大学生干这么重的活儿，直接捐点钱给他不就行了吗？公司效益这么好，理应回馈社会、做点慈善，为什么要剥削贫困大学生呢？"

　　对于大家的指责，老板一句话也没说，后来大家才知道，公司根本就不缺搬运工，沙雁兵从事的劳动完全是没有意义的。老板之所以雇用他，是为了让他在保留尊严的情况下赚点生活费。沙雁兵在得知真相后很感动，大学刚毕业就应聘到了这家企业上班。其实，有很多大老板都向他伸出了橄榄枝，包括那些捐赠了一件冬衣就强迫他公开亮相高调感恩的老板，但他没有理会那些人，而是直接奔向了假期打过工的公司。老板曾经问过他："你是个非常优秀的年轻人，听说好几家企业都抢着要和你签约，可你为什么偏偏选择了我们公司呢？"沙雁兵讲起了那次打工的经历，不无感慨地说："在我不名一文的时候，你给了我最宝贵的东西——尊重。"老板没有想到，自己的一个小小善举居然会给别人带来那么大的影响，他由衷地感到欣慰，愿意热情地敞开怀抱，欢迎沙雁兵加盟自己的公司。

我们习惯采用非黑即白的模式论断人，认为这个世界都是二元对立的，美与丑、强与弱、富与贫、健康与残疾是泾渭分明的，丑陋的、贫穷的、孱弱的、残疾的群体天生低人一等，应该接受外界的同情和怜悯，而其实并不是这样。每个人身上都是有缺憾的，强者和弱者只是相对的，而不是绝对的，无论是其貌不扬、没有资源、没有社会地位的普通人，还是有着严重生理缺陷的残疾人，若是不屈从于命运，心态上始终昂扬向上，活得有骨气有尊严，同样令人肃然起敬。没有人比他们优越，没有人有资格居高临下地怜悯他们，所有人都应该是平等的。

不要以为帮助了别人就一定能够换来他们的感激，如果得到你的帮助必须要以遭受人格的羞辱为前提，那么没有人会觉得这种帮助在本质上是充满善意的，这种有偿的施舍不仅不会换来任何感动，而且还会引来仇怨和是非。所以，在假意怜悯别人的时候，一定要懂得冷静，三思而后行。如果你真心想帮助别人，那么必须学会以平等的姿态帮人，不折损他人的尊严。唯有如此，你的好心才能换来好报。

第八章
放下浮躁心态，
人生才能淡定如水

　　自古以来，真正建大功、立大业的人都是心定身安的人。我们在学习、工作和生活中，越是艰难越要有耐心，一定不能够浮躁。浮躁不能成就大业。流水遇到阻挡就会绕过去，绕不过去便会积蓄水量、漫溢过去。人应该学流水，能力有限时，如小溪水淙淙不绝；能力大时，便汇成江河。只有学会放下浮躁的心态，人生才能淡定如水。

克服浮躁，才能淡定如水

浮躁是一种现代病。浮躁产生的原因是由于人对自己的人生信念不明晰、对自己的需求不了解，所以，尽管整日忙忙碌碌，但还是会感到无所适从。要克服浮躁，只有一个办法，那就是沉下心来做事情。

心浮气躁是现代人的通病，其具体表现为：做事情三心二意，浅尝辄止；东一榔头西一棒槌，妄想鱼和熊掌兼得；这山望着那山高，熊瞎子掰棒子，掰一个扔一个；耐不住寂寞，稍有不顺就轻易放弃；做事往往急功近利，恨不得一锹掘出一眼井、一口吃成个胖子，当事与愿违时就会焦躁不安、怨天尤人。现代人这些浮躁的毛病，或轻或重地存在于每一个人身上。人一浮躁，就会终日处在烦躁忙碌的状态中，长期下去，人很容易变得脾气暴躁、神经紧张。浮躁还会使我们缺乏幸福感、缺少快乐，过于计较得失。如果不能够有效地克服它，就会影响到我们生活的质量和工作的成就。

这世上有很多聪明但浮躁的人，浮躁的人在短时间内或许可以取得一点成绩，但是却很难成就大业。

《了凡四训》里面有一则故事。一个秀才认为自己的文章写得不错，却没有考中进士，便发牢骚说："考官眼睛瞎了，不识货！"一个道士在一旁听了，便说："你的文章一定写得不好！"秀才很不服气：

"你又没有看到我的文章，凭什么说我文章不好？"道士说："看你心浮气躁的样子，怎能写得出好文章来？"

当局者迷，旁观者清。道士一语惊醒了秀才，秀才从此便沉下心来读书，再也不自负了。

一个忙碌了半生的中年男人诉说着自己的苦闷："眼看着别人房子、车子、票子都有了，我辛苦了半辈子却什么都没有。像我这种年纪又大又没有技术的人，一辈子就这样完了。"

为什么半辈子却连门手艺都没学到？我们可以平凡，生活可以平淡，但一个人平凡到连门手艺都没学到，是谁的错？试问，有多少年轻人浮躁到了连门过硬的手艺都不想学就想发大财的地步？一个读了很多年书的研究生抱怨说自己的收入不及农民工，这样的人就是读到博士也不会有太高的成就，因为他太过于浮躁了，不问自己做了什么事、取得了什么成就，而只是一味地算计自己的收入。这样的人如果有捷径让他不需要读书就能发财的话，那么他可能连半本书都懒得读下去。

有一个老母亲生病了，两个儿子为了给母亲治病，每天都要上山砍柴赚钱买药。一位神仙被兄弟二人的孝心所感动，便给了他们一个赚钱的秘方：用四月的麦子、八月的高粱、九月的稻谷、十月的豆子、腊月的白雪，放在千年泥做成的大缸里密封七七四十九天，待鸡叫三遍后，就能取出汁水卖钱。兄弟俩按照神仙的秘方各做了一缸汁水。好不容易等到了可以开缸的日子，鸡才叫两遍，哥哥便已经等不及了，而打开密封的盖子，看到的却是一缸黑臭的污水。弟弟则坚持等到鸡叫第三遍后才打开缸盖，顿时清香扑鼻而来，原来缸里是又香又醇的酒。

这就像我们做事情，做到百分之八九十就急不可耐地求结果，结果可想而知。其实，只要耐心坚持下去，用不了多久，成功便能唾手可得。

显微镜是 20 世纪非常伟大的发明之一，但你知道吗？第一个利用简单的显微镜发生微生物的人只是荷兰西部一个小镇上的门卫。为了打发时间，他试着用水晶石磨放大镜片。磨一副镜片需要几个月时间，他不断地尝试以提高放大倍数。60 年后，他磨出了可以放大 270 倍的镜片，使人们第一次在镜片下看到了细菌。他的名字叫范·列文虎克。

科学家经研究发现，人经过差不多一万个小时的练习才能熟练掌握一门技艺。也就是说，莫扎特练习了一万个小时才成为音乐大师、比尔·盖茨练习了一万个小时才成为编程高手。

当然，作为普通人，大家并不需要像列文虎克那样去用 60 年做一件事情，因为每个人都有自己的生活方式。但是现代人的生活节奏很快，压力也很大，在这种情况下，建议忙碌的你每天能够喝喝茶、养养花、读读书。我们要学会享受当下，这也是不浮躁的一种表现。浮躁的人往往焦虑于当下的失败，而忽略了生活的质量和快乐。他们用一些损人利己的手段去赢得金钱、车子和房子，在追逐名利的过程中心灵慢慢被尘埃所遮盖，只剩下浮躁和不安的灵魂。

淡定而不浮躁的人，即使生活赐予他的是苦难与失败，他也仍然能够从容面对。泰国商人施利华是拥有亿万资产的富豪，1997 年爆发的金融危机使他破产了。那时，他只说了一句话："好哇！又可以从头再来了！"他从容地走进街头小贩的行列，沿街叫卖三明治。一年后，他东山再起。

自古以来，真正建大功、立大业的人都是心定身安的人。我们在学习、工作和生活中，越是艰难越要有耐心，一定不能够浮躁。浮躁不能成就大业。流水遇到阻挡就会绕过去，绕不过去便会积蓄水量、漫溢过去。人应该学流水，能力有限时，如小溪水淙淙不绝；能力大时，便汇成江河。只有摒弃浮躁心态，人生才能淡定如水。

放下执念，才能活得洒脱

执念占据心灵，心境自然慌乱，放下执念，给心灵一点空间。

一个满腹抱怨的女人向他人诉说着烦恼，她的丈夫经常辱骂她，婆婆也常常虐待她。她说："难道我这辈子就要忍受这种命运吗？因为我是个善良的人，就得忍受一辈子的打骂，然后才能换得将来的幸福吗？"

旁人对她说："虽说善良和忍耐是人的好品质，但你过分执着于善良与忍耐，凡事都忍，这就有些没必要了。其实对于正确的事，你大可不必忍耐。人贵在执着，但过分执着却会成为生活的障碍。"

这名女子的遭遇让人同情，却也让人想禁不住问一句："你为什么不反抗？你的善良已经接近病态。"即使是最懂得宽容的佛家子弟也明白人可以善良，但不能凡事都忍耐，丝毫不维护自己的利益。这种对善良的执着已经走向了懦弱，本质上已经不再是善良了。

执着与过分执着有什么区别？以登山为例，那些到了半山腰就下去了的，是半途而废者；那些攀登到山顶，留下了美好的回忆，然后下山去攀登另一座高峰或者去做其他有用的事的人，则是执着者；而那些好不容易攀到山峰，从此留恋不已，再也不肯下山，或者到了半山腰，明明前方再也无路可走，宁可在山腰上抱怨也不肯下山的人，就是过分执着者了。

一个年轻人读过很多书，写过一些被人称赞的诗歌，自以为是个天才，于是他想要得到更高的地位，以便受到更多人的关注。他对自己的现状越来越不满，陷入了痛苦之中。

年轻人的父亲见儿子愁眉不展，就对儿子说："你这么不开心，不如放下工作，和我一起到海边去走走吧，也许海边的风景可以令你恢复活力。"

儿子和父亲去海边度假，每天早晨，他们看到渔船出海归来，渔夫将渔网里的鱼和贝放到阳光下晾晒。儿子问渔夫："你们出海一次，能有多少收获啊？"渔夫说："我们不计较能有多少收获，只要不是空手而归，那就是没有白去一次。"

年轻人突然领悟了什么似的，对父亲说："我觉得我没必要为现状哀叹了，如果看不到自己的成绩，我会越来越失落。而事实上，我已经得到了很多东西，还有什么好难过的呢？"

"是的，我很高兴你能想开了。"父亲说，"执着固然重要，但比执着更重要的是快乐。"

很多时候，执着代表着对自己的高标准、严要求，并不是什么坏事。但凡事都要有个度，一旦要求过了头就会变成巨大的压力，工作不再是工作，变成了压迫；成绩不再是成绩，变成了休息站，预示着前边还有更多的事情要做；目标也不再是目标，而变成了自我强迫的源头。

故事中的青年很幸运，他有一个明理的父亲，在他即将被压垮的时候带他去大自然中放松身心、体味人生百态。人往往不能自己醒悟，但如果有旁人引导，就能轻松走出执念。

　　执着到了深处就变成了一种贪念。执着往往是因为得不到，或者偏执地认为得到的不够多、不够好。这个时候继续追求，实际上已经超出了自己的能力和承受力。有时，人生最大的悲剧就是去追求错误的东西，这无异于放弃原本已经拥有的幸福而硬要走一条充满了坎坷与荆棘的道路。一个明理的人应当懂得放下执念，与其被执念所累，不如活得洒脱些。

放下包袱，才能走出人生困惑

人生中有着太多的负担，诸如名誉、地位、荣耀、财富，甚至伤痛。现代人常常感叹：人活着，真是太累了！累了就放下吧，你觉得什么让你疲劳，就放下什么。放下包袱，我们才能摆脱那些不必要的羁绊，轻松上路，走出人生的困惑，找到一个更加快乐的自己。

从前，有个和尚，外出化缘时身上总是带着一个布袋，于是人们就叫他"布袋和尚"。每一次，布袋和尚总是带着空布袋出去，背着满满一布袋的财物回来。后来，布袋和尚嫌一个布袋不够用，他就又多带了一个布袋出门化缘。

这一天，他背着沉甸甸的两个大布袋往寺里走，可是布袋太重，走到半路就背不动了，于是，他便背靠着一棵大树坐下休息。不一会儿，困劲儿上来了，就迷迷糊糊地睡着了。睡着睡着，他突然听到有人在耳边说："左边一个布袋，右边一个布袋，放下布袋，何其自在。"听完这句话，布袋和尚就醒了。醒来后，他细细回味着梦里的那句话：是呀，我左边背着一个布袋，右边背着一个布袋，没走几步就累得不行了，如果把布袋放下，那不是很轻松吗？于是，他放下了两个布袋，当下顿悟。

以淡泊之心处世，才能真正做到放下。其实，说到底，人生的幸福与苦恼也无非是衣食住行、功名利禄，被过多的欲望所困，只会迷失在人生的旅途中。当你舍弃浮华，放下包袱，轻松上路的时候，会感到从来没有过的开心与自在，这就是简单与质朴的生活，每一个人都应该好好去享受。

哪怕只是一张纸，举的时间久了人都会受不了，更何况是生活中一件又一件不顺心的事？人如果不学会放下，一张纸的压力也会把你压倒。有人会说，你没遇到我的烦心事，等你遇到我遇到的事情，一样会受不了。但受不了，不等于放不下。既然举不动它，为什么不放下呢？你扛着麻包，说，这是没办法的事，因为你要养家，可你扛着你的失败和痛苦，又能做什么呢？你根本不需要它们。你说，虽然我不想要它们，可它们还是来了。扛着麻包，你可以放下来休息一下再扛上去，可是失败和痛苦你能不能先放下一会儿再扛上去呢？你肯定会说，不能。虽然不能，但是你却可以把它们像丢垃圾一样处理掉。

一个年轻人背着巨大的包裹，不远万里去拜访一位禅师。

禅师问："你的包裹里都放了什么？"

年轻人回答："是我以往经历的痛苦、挫折。"

禅师点了点头，带着年轻人坐船渡江。上岸后，禅师说："扛起这条船，我们继续赶路。"

年轻人不解："船这么重，我怎么可能扛得动呢？"

禅师笑了，说道："船是过河的工具，过河之后我们就要把它留在岸边，大踏步前进，如果我们要背上船一块儿走，就寸步难行呀。"

年轻人顿悟。

年轻人在寻求人生真谛的路上饱经磨难，尝尽了人生百味，他把所有的痛苦、经历都视为人生的财富装在行囊中，但他忘记了一点，真正的财富是从痛苦中吸取经验和教训，而非痛苦本身。想要走得更远、对人生体悟得更深刻，就要学会放下、轻装上路。在人生的旅途中，要学会放下遭遇过的各种不幸、挫折、失败、痛苦……只有这样，才能腾出心灵的空间去感受生活的美好。

人生就像是一场旅行，每个人都希望自己的旅程是快乐而轻松的，那么唯一的办法就是放下包袱，丢弃多余的负担。什么是多余的负担呢？有些人为了自己轻装上路，把责任和道义扔下，这是一种错误的取舍。只有那些与当下无关的痛苦与忧伤，那些我们再也用不到的或多余的财物才是负担。而人的职责、人性、正义，即使有千斤重也决不能将它们从肩上卸下。有此东西，放下也许会有遗憾、会有伤感，但是却会让我们生活得更加淡定和安然。

我们背着理想、感情、责任和道义，忙忙碌碌，疲于奔波，不能停步、不敢懈怠，也不敢轻言放弃，于是，身上的包袱越来越多、越来越重。如果我们不适时地放下一些东西，那么最终会压得自己身心俱疲，喘不过气来。

放下了，也就轻松了，可是，在我们的现实生活中，放不下的事情多之又多。

有一个《蝜蝂传》的寓言，讲了一个很耐人寻味的小哲理。

蝜蝂是一种喜爱背东西的动物。它在路上爬行的时候，只要遇到东西，总是抓过就背到身上。它的背很粗糙，因此东西堆上去后不会散落，东西越背越重，但它即使累得爬不动了也不肯扔掉背上的东西。有人可怜它，替它去掉了背上的东西。可是蝜蝂只要还有一点力气，就会把东西再背上去。它还非常喜欢往高处爬，用尽了力气也不肯停下来，结果就会摔死在地上。

很多人就像蝮蜮一样，喜欢把什么都背在背上。别人无意中说的一句坏话、看他的一个不太友善的眼神，他都会记在心头，动不动就翻出来体味一番、抱怨一番、痛苦一番。这样的人怎么会快乐呢？

常言道："举得起放得下的是举重，举得起放不下的叫作负重。"生活是无奈的，有时它会逼迫你不得不交出自己不想失去的东西，比如与你深爱的人分离、必须离开喜欢的工作岗位。你以为失去了它们，你的人生从此将一无所有、灰暗无光，这是因为你没有放下。放下不等于放弃，放下也并不意味着失去。放下，意味着你的人生将重新开始。放下昨天的感情，意味着我们将获得另一段更为真挚的感情；放下昨天的事业，意味着你将重新开始另一份更适合你的事业。

明明已经不快乐了，为什么还不放下？这是贪心的本性使然。因为你害怕放下便一无所有，因为你已经为之付出过太多的努力而心有不甘。但无论是出于哪种原因，如果你意识到自己已经不适合再背负着这些东西，甚至你的身体已经向你发出警告时，你再不放下就晚了！

就像一堆发霉的食物，就算是你从天上摘下来的蟠桃，你也得把它们扔到垃圾桶里。再好的东西，如果它们已经压得你喘不过气来，也不过是垃圾一堆。放下吧，放下昨天的荣誉、昨天的痛苦、昨天的成功。

懂得放下，才能远离烦恼

执念，有时是最沉重的羁绊。

中国有位贤人叫许由。许由是个通达之人，平日不喜俗物，也没有什么烦恼。有一次，他在河边用双手捧起水来洗脸，有人看到后，好心地送给了他一个水瓢。许由用水瓢洗了脸后将水瓢挂在了树枝上。风吹过来，许由听到瓢发出的声音，觉得让人厌烦，于是将瓢还给了送瓢的人，继续用双手洗脸。

传说上古明君尧倾慕许由的才能，愿意将天下交给他治理。可是许由认为尧治理天下很合适，自己不想画蛇添足，就拒绝了尧。

许由是上古有名的贤人，他不求闻达天下的风采，一直都令后人追慕不已。那么，许由是不是没有追求的人呢？当然不是。只能说他不追求世俗之物，他所追求的是心中的清净，这也是心灵的最高追求。像这种只追求自己想要的东西，将其他事物放置一边的人自然烦恼会少。

在现代社会，即使是修禅者，也不能说可以完全切断世间万物，没有任何追求。人要生存，就要追求合适的谋生手段；人要感情，就要追求合适的灵魂伴侣。只是人们渐渐发现，拥有的东西越多，负担就越多；想要的东西越多，心灵的负累也就越重。就像一个人背着背包，如果放进太多的东西，就会负重行走，以致脚步越来越慢；心境越不明朗，开心也就离得越来越远。

可是，人们很难放开已经到手的东西，这就是所谓的"痴"。"痴"如果更进一步，就演变成了贪。它们的表现都是对某种事物的过度偏执。人生在世，每个人难免会有偏执的念头，将已有的东西牢牢握在手里不肯放开。舍不得早已成为负累的旧物，就不能抓起急需的新物，更得不到两手轻松的感觉。烦恼来自不如意，不如意来自偏执。可见，人们什么时候懂得放下，就能在什么时候远离烦恼。

有个富人住在一所大宅子里，却经常觉得心烦意乱，很想寻个清静。但他发现天地之大，清静之地却很难寻，于是只好请一位智者为他指点迷津。

智者听完他的烦恼，对他说："大千世界，烦心之事很多。比如您身边这几位侍女，每个人都佩戴着珠玉钗环，碰撞发出响声，人一多，您自然就觉得心烦意乱，不如让她们摘掉这些珠玉首饰。"富人依言而行，果然觉得耳边清静了不少。

智者继续说："人生在世，人人求富贵，即使摘掉了身上的珠玉，心里想的仍是珠玉。只有将心里的杂念'扔掉'，才能如这房间一样安静。"

富人终于明白了自己心烦意乱的原因。

世人常说想要寻觅一方清净的天地，可以暂时远离俗世的烦扰，但是最理想的桃花源迄今也没有人发现，周围仍然有烟火气，这"清净"总是无处可找。就像故事中的富人，眼里只看着簪环玉佩、功名利禄，哪里还有清静可言？

少一份拥有便少一份执念，人生所必需的不过是那么几样东西，其余的都是附加品，什么时候看透了这一点，什么时候才能懂得专心致志。多一点也许不是坏事，但少一点也意味着轻松和更多的可能。人生的道路很漫长，只有常常给自己减负，才能轻装上阵。

简单生活就不会有压力

生活不是戏剧，没有那么多跌宕起伏，不会因为忧伤而风情万种，所以，简单些最好。

生活是复杂的，然而我们却能够选择简单的生活方式。过于在意生活中的繁杂，那么生活就会变得繁杂。万事看得简单一些，自然就能找到一种简单的生活方式。看淡生活、看淡烦忧，不要为自己的生活添加太多华而不实的点缀，那些只能成为生活的负累。

生活也好，感情也罢，看得简单，便是简单，如果时常担心忧虑，那么又怎能感受到幸福的所在呢？不要为生活的琐事而忧虑，万事看开一点，自然也就会简单一点。爱也好，生活也罢，都会变得很简单。

人们总是弄不清楚什么才算幸福，总觉得自己离幸福还有段距离，所以想尽办法去追求看不见的"幸福"，结果却丢掉了身边最简单的小幸福。其实，幸福就在我们身边，只要少一些忧虑，学会让内心满足，让自己的生活变得简单一些，就能把握住幸福。

从前有一个商人，他是别人眼中的成功人士，但他每天都感到不快乐，更是厌倦了城市的喧嚣。终于有一天，不堪重负的他放下手中的工作，带上积蓄，为了寻找幸福的真谛而开始了四处游历的生活。

商人来到一个非常落后的小村子里，那里的生活十分贫困，人们每天都要辛苦地劳作才能够勉强度日。孩子们没有上学的条件，几乎都要帮助家里干农活儿才可以维持生计。他在那里停留了一段时间，心中居然感受到了从未有过的幸福感。那里虽然落后，但却与世无争，人也非常淳朴，没有钩心斗角、尔虞我诈，每天日出而作、日落而息。

商人每天白天都会到山坡上进行思考。虽然他想要追求这种幸福，也暂时放下了自己的一切，但是偶尔还会想到自己的生意。

有一个放羊的小孩每天都在山坡上放羊，他穿的破破烂烂，但是每天都在山坡上叼着草，快乐地唱着牧歌。商人感到非常不解，便问小孩："你有想过你的明天吗，你放羊是为了什么呢？"

小孩高兴地说："我将这些羊养大之后就能够卖钱，我一直在攒钱。"

商人又问："攒钱做什么呢？"

小孩开心地答道："等我长大就可以用攒下的钱娶老婆了。"

"那娶老婆为的是什么呢？"

"生小孩。"

"生了小孩你希望他做什么呢？"

"放羊。"

商人觉得小孩子真的非常可怜，永远不知道外面的世界有多大，心中所思所想毫无意义。于是，他对小孩说："如此循环，那么你会一直过着苦日子的。"

没想到小孩却一点难过的表情都没有，他说："可是我过得非常快乐啊。"听了小孩的话，商人陷入了沉思，他觉得自己已经找到了幸福的真谛。

生活是忙碌的，以至于我们只知寻找，但却忘记了自己一直想找的目标。就像故事中的商人一样，生活中的忧虑已经让他无暇顾及其他，他在放下一切之后才找到了自己一开始所追求的东西。幸福不是一道题，无须进行精密的计算，看得简单一些、少一些忧虑，幸福就会到来。

有一个年轻人，从小学习就很优秀，进入职场也是混得风生水起，但是他过得并不幸福。他希望做一个完美的人，但生活总是不能如他所愿，无论他怎么努力，公司仍然有人不喜欢他。虽然他尽可能做到完美，但仍然不能和所有同事都融洽地相处。

年轻人怕自己一不小心会让工作出现纰漏，被这些人算计，于是他每天都胆战心惊、小心翼翼。虽然工作成绩非常突出，但是他又怕这样会招来同事的嫉恨，一直保持着紧绷的状态。终于有一天，他受不住了。长期这样生活让他患上了很严重的神经衰弱症，医生建议他先放下手头的工作，出去疗养一段时间，关于工作的一切都不要去想。

年轻人请了长假，收拾行李考虑着要去哪里。他的妻子看到他大包小包的，连锅都放进行李中了，就问他："你带锅做什么呢？"

年轻人说："不是所有地方都能有一个干净的用餐环境，我必须提前考虑好，以备不时之需。"他的妻子深知他的脾气，于是没有说什么，只是在他睡着以后偷偷地将不必要的行李拿出来，重新收拾了一下。

年轻人出发的时候发现行李少了很多，他非常焦躁，但是时间紧迫又要赶车，来不及重新收拾，他只好带着简单的行李和那口锅出发了。

开始的时候，年轻人总是不能静下心来享受自己的假期，每到一个地方，都会担心家中的妻子，或是给同事打电话询问有关工作的事。

他完全没能享受自己的假期，被忧虑所困的他决定提前回去工作。

在一个渡口，年轻人发现船夫在树下闭目养神，于是便对船夫说："你不努力工作，到什么时候才能享受生活呢？"

船夫没有起身，只是睁开了眼，反问他："那你觉得我现在在做什么呢？"年轻人顿时醒悟了。他看到船夫用疑惑的眼神看着自己手中的锅，才想起这一路他从来都没有用到过这口锅。

生活从本质上来看很简单，但却因为我们想得过多而变得复杂。就像这个年轻人一样，什么都想做到完美，于是让自己变得越来越累，慢慢为了迎合别人而活，却没有时间享受自己的幸福。生活需要奋斗，同时也需要享受，心态平和一点，要求放低一点，离幸福也就能更近一点。

在生活中，我们不妨做一个船夫，简单地生活，在奋斗之后也别忘了停下脚步享受生活。在享受生活的时候就要全身心地放松，不要去忧虑那些看不到的未知。生活的旅途中务必要做到轻装上阵，才能有足够的空间承载幸福。

一念放下，万般自在

放手是为了追寻更多，而紧握只会流淌得更快。

有开始就有结束，有得到就有失去，我们的人生中多多少少都会有类似的经历：长时间的心血毁于一旦，没有任何回旋的余地，虽然明知除了放弃别无他法，但总是不甘心，无法放轻松。放弃应该从心理开始，面对过去的执念，要明白唯有真正地放下，才能得到新的机会。

放弃不是一件容易的事情，如果放弃的仅仅是手中不重要的东西，那么也许并不会介怀，但"放弃"这个词却往往与重要的事相连，而且这种"放弃"往往意味着从此不再拥有。人有执念，自然也会付诸相应的努力和行动，当得到一些成绩时，放弃就是要将这些东西全部都抛掉。这对于大部分人来说是艰难的，所以有人说："得到难，放弃更难。"

那么，人们舍不得的究竟是自己已经获得的成果，还是那些已经付出的青春、精力或金钱？恐怕金钱的成分要多一些。多数人都希望自己的投入有所回报，不希望自己的努力成了"竹篮打水——一场空"。但正是在这种心理的作用下，执念才越来越深。明理的人不会沿着错误的方向一直走，他们会及时收手回头，因为他们知道继续纠缠下去只会失去更多。

清清是个美丽的女孩，在她任职的公司有许多人都很仰慕她。但是清清却对感情从不在意，拒绝了所有人的追求。

清清不谈恋爱有她自己的原因。在大学的时候，清清有个很喜欢的男朋友，可是两人个性不合，经常产生矛盾。两个人几经磨合，依然不能适应对方，最后只能选择分手。清清对这段感情投入了很多，对这个结果感到非常失望。从此她对感情能避则避，更惧怕走入婚姻的殿堂。

清清的好朋友们经常给她讲道理："第一个不合适，难道第二个也不合适？不要因为一个不合适的人就对所有的人都失望。你不去尝试，怎么能遇到更好的？"但清清一直沉浸在过去的阴影中，不肯走出来。身边的姐妹们一个接一个地嫁人了，终于有一天，清清想通了，她发现若是自己再不重新开始，就要成为"剩女一族"中的一员了。

懂得放弃是一种智慧。过去已经成了定局，就算有再多的执着，有些事也无法挽回，一味留恋只会徒增伤感。就像故事中的清清，为了一次失败的恋爱而否定自己、否定感情，这种否定情绪已经影响到了她的生活，如果不能及时摒弃这种负面情绪，迎接她的将会是孤单的结局。

懂得放弃是一种能力，放弃代表着一个人对某件事的决断。在最恰当的时候放手，即使有伤痛，也是最佳选择。对人生的烦恼更要懂得放弃，有一位高僧曾对徒弟们说过一句饱含智慧的话，以教导他们脱离苦海，这句话只有两个字——放下。放下执念，便能明理；放下烦恼，便有自在；放下欲望，便可超脱。多少智慧都在这两个字之中，需要人们细细体会、反复琢磨。唯有放下，心灵才能容纳更多的智慧，所以大智慧的人懂得放、懂得舍，懂得放弃也是一种获得。

再累也要学会忙里偷闲

人生就好比一场旅行，匆忙的脚步会让我们错过美丽的风景。不论你有多忙，都不要忘记在适当的时候停下来，欣赏路边的风景。学会忙里偷闲的人才能享受淡定的生活。很多成功者都懂得如何忙里偷闲，无论有多忙碌，他们都能找到时间喝一杯茶，听一首闲适的乐曲。

一位教授从讲桌上端起一杯水，问他的学生："有人能目测出这杯水有多重吗？"一杯水能有多重呢？有50克、300克，还是500克？学生们纷纷猜测。

最后，教授宣布了正确答案："它很轻，只有50克。那么，如果由你们来举着这杯水，你们最多能举多长时间呢？"

学生们面面相觑，难以回答。后来，有一个学生说："大概能举一个小时吧，一个小时后手臂会酸的。"有的学生说："我想我最多能举两个小时。如果举上一天，就要变成僵尸了。"其他同学对他的比喻发出了一阵哄笑。

教授笑了，说："是的，这杯水本身有多重并不重要，决定你能否举起它的不是它本身的重量，而是你举杯的时间。如果只举几分钟，就算有5000克也不成问题；如果让你举一个小时，就是5克水也会让你的手臂酸麻；而如果举上一天，就要叫救护车了。也就是说，举的时间越长，水就会变得越重。你们从中得到什么启示了吗?"

一个学生说："我明白了，如果我们总是将压力扛在肩上，压力就会像这杯水一样变得越来越重。"

"是的，"教授接着说，"工作和学习也是如此，如果我们不懂得休息，早晚有一天将不堪其重。正确的方法就是，放下水杯，休息一下，以便再次举起它。"

一张纸再轻，如果长时间地举着它，人也会受不了。现代社会，每个人都要承受一定的压力，有压力不怕，关键是我们要适时地停下来，以缓解紧张的神经、疲劳的身体，为自己减压。减压的主要方式就是休息。不管有多忙，都要让自己暂时停下来，让自己忙里偷个闲。

第二次世界大战期间，丘吉尔和蒙哥马利在一次闲谈时说到了健康这个话题。蒙哥马利说："我不喝酒、不抽烟，每天晚上 10 点钟准时睡觉，所以我现在还是百分之百健康。"

丘吉尔却说："我正好和你相反，既抽烟，又喝酒，而且从来不准时睡觉，但我现在却是百分之二百健康。"

听起来，丘吉尔这是在故意唱反调。不过，事实上丘吉尔并没有说谎，虽然他的工作很繁忙，但身体却非常健康。即使是在战事最紧张的时候，每到周末，丘吉尔都会雷打不动地去游泳。而在选举白热化的时期，他还坚持每天去钓鱼。

这就是丘吉尔百分之二百健康的原因，懂得忙里偷闲，懂得享受生活，懂得让自己在紧张中也有放松和休息，从而保持了身体和心态的双重健康。

休闲，对于现代人来说确实很奢侈。即使你想停下来，这个世界也不容你停下。你必须跟着别人拼命地跑，甚至要努力跑在别人前面。

不然，你就将被工作所淘汰，这样的话光是听一听就觉得可怕。可是，不管有多忙，都不要忘记忙里偷闲。忙，有利于创造生活；闲，有利于调剂生活。

有一个企业的老总去看病，跟医生诉说着自己最近非常糟糕的身体状况。医生看着他疲惫不堪的样子说："你应该好好休息。"老总说："你让我干什么都行，就是不能让我休息呀。"

"为什么呢？"医生很奇怪。

"你知道吗？公司里等着我处理的文件就是不吃饭不睡觉也做不完。我每天都要提着重重的文件袋子回家，有时候批到天快亮了才能去睡一会儿。你让我休息，这怎么可能呢？"

医生问："难道那些文件非得你来处理吗？你可以请一个助手来帮你。另外，你也可以交给别人来处理啊。"

"不，只有我才知道该怎样处理它们。现在的年轻人做事，可没几个靠谱的。"

"好吧，我不强求你休息。但是，每个月只抽出半天时间来休息，你能做到吗？"

"半天？好吧，我想我能做到。"

"那好吧，你用这半天时间到墓地去走一走。"

"什么？为什么要在墓地走上半天呢？"老总莫名其妙地问道。

"我想让你看一看，那些与世长辞的人，他们曾经也和你一样，认为地球少了自己就不行。直到他们累死后，才真正闲下来，有时间吹吹墓园的风，享受温暖的阳光，春天看花朵在枝头绽放，秋天看枯叶纷落。我想，照你这样操劳下去，很快就可以和他们一样了。"

老总沉默了一会儿说："我想我明白了。"

在公司倒闭和身体健康两个选项中，你选择哪一个？我想，理智的人永远会选择后者。因为留得青山在，不怕没柴烧。舍本求末，是蠢人才干的事情。

如果工作已经剥夺了你的健康和生活的乐趣，那么你就要停下来想一想，自己这样拼命有意义吗？是否还有更好的方法来减轻工作的负担？

你可以去追求更大的房子、更酷的跑车、更大的名牌，但是，如果欲望已经让你感到筋疲力尽，占据了你所有的生活空间，那么你就应该检讨检讨自己的内心了。不要说自己真的很忙，挤不出一点时间。有必要的话，不妨把工作放一放，无论它们有多重要。试想，你在学校读书时，是否在紧张的复习阶段还会偷偷地跑出去踢足球、约心爱的女孩子去看电影？因为你极度想游玩的欲望使你想尽一切办法也要挤出时间来，哪怕因此挨老师批评也在所不惜。

古人云："一张一弛，文武之道。"人生也应该有张有弛、忙中有闲。人生就像琴弦，太松了，弹不出优美的乐曲；太紧了，容易断。只有松紧合适，才能奏出舒缓优雅的乐章来。

不要为自己做错事而懊悔

蔡康永说："离职了，但因此能完成向往已久的旅行；离婚了，但因此整个人充满了能量。别人眼中的失败，可以是你自己认定的成功，反正成功有很多种样子，会煮面、会劝架、会踢球，都是某种成功。"

我们不是神机妙算的神仙，所以我们经常会预测错未来，选错职业、交错朋友、办错事、搞砸生意。于是，很多人在事后大呼"错了"，为自己的决定后悔不已。

2005 年，家住北京的张女士将位于海淀区的一套房子卖掉了。没想到，从那儿以后，北京的房价就以令人咋舌的速度一路飙升。张女士算了一笔账，不算还好，这一算可了不得：若按现在的市价，自己一下子就损失了几百万元。张女士大受刺激，悔恨不已。她见人就说："如果房子当初不卖掉，我儿子连出国的费用都有了。"她越想越难受，悔得捶胸顿足。白天见人就唠叨，晚上睡不着，躺在被窝里自己跟自己较劲。时间一久，张女士就得了精神分裂症，不得不住院接受治疗。

和张女士相似的人很多，比如，那些在观望而没有早几年买房的，有不少人动不动就会念叨："早知道几年前就买下那套房子，现在能赚100 万元呢！"

如果你不幸做了错误的决定，那么，就让它过去吧，人不能一直生活在悔恨当中，更何况，我们无法预知未来，也无法改变过去。请不要后悔地说"为什么我妈不把我生得再漂亮一些、让我长得再高两厘米，这样我就可以当模特了""早知道房价会这么高，当初我还不如炒房呢""早知道这个专业会这样吃香，我当初读大学不如就选这个专业了"……我们都曾这样后悔过，当然，如果你只是嘴上说一说，还没什么坏处，但是如果你把这个当作自己失败的借口就大大不妙了。

1923 年，华特·迪士尼这位名不见经传的年轻画家还在为自己的电影事业奋斗的时候，他的叔叔曾借给他 500 美元。当然，叔叔可以选择将 500 美元入股当股东，但是他仍坚持要侄子还现金。

后来，迪士尼公司在动画片上取得成功，一举发展成为美国的知名企业。如果迪士尼先生的叔叔当时选择了当股东而不是要求还现金，那么今天他至少能获得 10 亿美元的回报。

500 美元和 10 亿美元，简直是天壤之别。其实，人生本来就是这样不可预知，你不是神机妙算的仙人，自然无法预测和掌控不可预知的未来。谁都会做出让自己郁闷不已的决定，但那并不是不可以饶恕、不可以原谅的错误，就连犯人都有改过自新的机会，你为什么要给自己设下一个牢笼，躲在过去的郁闷里不肯出来透透气呢？

有个泰国企业家，他把所有的积蓄和银行贷款都用来投资，在曼谷郊外兴建了 15 幢带有高尔夫球场的别墅。不料，时运不济，就在别墅建好时，一场亚洲金融风暴席卷而来，别墅一幢也没有卖出去，他眼睁睁地看着别墅被银行查封拍卖，失去了所有的家当，变得一贫如洗。他捶胸顿足，悔恨不已。

有一天吃早餐时，他发现太太做的三明治很好吃。他想，为什么不卖三明治呢？太太听了他的想法后也表示支持。说干就干，第二天早上，他就带着太太做好的一箱三明治上街了。从此，在曼谷的街头，每天早上大家都会看到一个头戴小白帽、胸前挂着售货箱的小贩沿街叫卖三明治。他的三明治很好吃，受到了很多顾客的欢迎。而且，不久之后，人们发现原来这个沿街叫卖的小贩曾经是一个亿万富翁。这个消息不胫而走，他的三明治生意也越做越大。

他的名字叫施利华。如今，他以不屈不挠的奋斗精神被评为"泰国十大杰出企业家"并且位居榜首。

很多人都曾经取得过辉煌的成绩，可是，一旦遇到什么风吹草动，人生陷入低谷，他们便马上变了模样，昔日的风光不再，他们也不愿意从头开始，而是活在对辉煌往事的回忆中以及对过去的悔意中。淡定的人永远清楚，只有从记忆中抹去一切使我们消沉、痛苦的事情，只有把痛苦和不幸放下了，我们才能重新开始全新的人生。

很多人把人生看作是一场赌局，赌赢了，庆幸自己的手气好；赌不赢，就后悔自己为什么要出那张错误的牌。这样的人生当然会郁闷了。人都是在错误中成长的，从过去的错误中得到教训，以过去为鉴，促成今日的成功，那才是正确的做法。

一个在商场拼搏多年而今已功成名就的商人深有感触地说："很多人都羡慕我今日的辉煌，却不知，我在创业的道路上遇到过多少坎坷！我曾为生意场上的不如意而牢骚不断，为自己做错事而懊悔，今天回过头来想一想真是没有必要。过去的事已经过去，后悔、埋怨、消沉都于事无补，何必为打翻的牛奶哭泣呢？"

是的，永远不要为打翻的牛奶而哭泣，我们需要淡然地面对人生的得与失。人生应当豁达一些，要懂得及时放下，不要为一时的得失而自寻烦恼。人生就像是一场旅行，不要因为错过一时的风景而伤怀，须知前方永远都会有美丽的风景在静静守候着你。

错误已经铸成，不可能重来，那么，就要像对待打翻的牛奶一样，翻就翻了吧，难不成你要从地上重新找回那些牛奶？用扫把把打碎的玻璃扫到垃圾桶里，把弄脏的地板重新擦干净，就像什么事也没有发生一样。人生又何尝不是如此，与其紧紧抓住过去不放，不如放开心怀，让过去成为过去！

美国心理学家威廉·詹姆斯说过："完全接受已经发生的事，这是克服不幸的第一步。"

忘记过去会活得更精彩

我们的心承载不了太多的过去，永远停留在过去的阴影里只会苦了自己，要幸福就该学会忘记。

心理学家研究发现，很多人心情郁闷，不是因为他们正在经受什么折磨，而是因为他们总是沉浸在不幸的往事中。昨天的失恋，昨天的失业，昨天的生意赔本……他们总是旧事重提，好像只有证明一生都处于不幸中才能使自己更好受一些。那么，他们真的感到好过了吗？当然没有。没有人会因为抱怨而感到幸福。让过去的事情影响自己现在的心情，实在大可不必。无论怎样，过去的都已经过去，我们应该想办法让自己走出过去的阴影，而不是让昨天的坏心情无限期停留。

有位退役军人，在一次战斗中不幸失去了一条腿。返乡的途中他经过一个小镇，听说附近的一座山上有个神奇的泉眼，喝了那里的泉水就可以医治好各种疾病，因此被当地人奉为"圣水"。军人于是挂着拐杖前往圣泉。有个村民看到了这位独腿军人后，怜悯地说："可怜的孩子，难道你要祈求上天再赐给你一条腿吗？"

军人摇摇头回答道："我不是想向上天祈求得到一条新腿，而是想祈求他告诉我，在我失去一条腿后该如何生活。"

是啊，在悲剧发生后，人最应该做的事不是哭泣、不是无休止地沉浸在悲伤中，最应该做的是问问自己，如何忘记过去，重新开始。过去无论发生过什么，都不应该再属于自己。尽管很多人总是拿出旧事来嘲笑你，但你若真中了他们的圈套可就大错特错了。忘记过去，活出你的精彩来，才是给别人也是给自己最好的交代。

有一个女孩，因为一次惨痛的失恋经历而吞下了100片安眠药。事情过了一年，当她的朋友再次见到她时，她已经有了新的男友，而且马上就要结婚。朋友们难以置信，没想到她能如此之快地走出痛苦的阴影。朋友们没有提起她曾经的失恋，那是她心中最大的痛，但她却主动道出了那段往事。她说，为情自杀的那段时间，她一直都在盯着房门，他曾经那样爱自己，知道她在受苦，他一定会来看她的。可是，他没有来。这时，她才幡然醒悟：为了一个不爱自己的人折磨自己，是一件多么傻的事情。而念念不忘一个根本不值得自己爱也不爱自己的人，更傻。她能做的，就是忘记过去，接受新的追求，开始新的恋情。说完往事，她略带自嘲地说："原来我也是一个没心没肺的人，好了伤疤就忘了疼，依然可以快快乐乐地去爱别人！"

其实，好了伤疤忘记疼有什么错呢？遗忘才是我们的本能，不然，这世间百分之九十九的人都会活不下去。生老病死这几样人生的大痛苦，是人都要摊上几样，更别提失恋这种小事了。"伤心人"纳兰性德，妻子死了自己心疼也就罢了，写写诗词怀念倒也罢了，还要把自己的健康和生命也搭上，就有点让人唏嘘了。人是有理智的动物，伤心也要有个限度。庄子的妻子死了，他鼓盆而歌，既然人都难逃一死，那么，不如接受现实，让我们继续唱歌吧。

"好了伤疤忘了疼"才是正确的，如果反复咀嚼生命中的那一点痛苦，一味沉浸在痛苦的回忆中，也许错失的就不仅仅是现在，还有未来。就像祥林嫂一样，因为老是反复咀嚼自己的痛苦，就会一遍一遍地加深你对痛苦的记忆，让自己一次又一次地揭开伤疤，让其没法痊愈。当然，忘记过去，并非意味着要彻底"失忆"，采取逃避的态度，而是说，一方面，不要让情感长久地停留在痛苦的事情上，另一方面，应当多在挫折和坎坷上寻找突破口，力争很好地克服它、解决它。

琳失恋了。上海是她和前男友相识相恋的地方。他们几乎玩遍了上海的每一个地方，每条街都能令她触景生情。这真是太恐怖了，琳不得不离开上海，只身飞去纽约。

可是，纽约并没有让琳变得更快乐。不管在哪里，前男友给她造成的心理伤害都不能使她真正忘记。相反，因为没有亲人、没有朋友，她备感孤独。本来想逃离痛苦，不承想却失去了更多的快乐。有一天，琳病倒了。躺在病床上的琳第一次感觉到了绝望，她本以为离开了伤心之地就可以让自己忘记过去，重新找到生活的乐趣。可是，自己的生活非但没有得到改善，反而变得比过去更加糟糕了。琳突然明白了：来到纽约，只不过是逃离了伤心之地，而她的心却依然停留在过去。痛苦与否，和留在上海还是来到纽约没有一点关系。

想通了这一切，琳又回到上海，回到了自己的朋友圈中。上海的阳光依然美好。琳终于明白，只要心里放下了过去，不管人在哪里都可以重新开始。

如果你还在为失去的感情而痛苦，那就请你像琳一样，学会忘记过去的伤痛吧。既然故事已经有了结局，那么你伤痛的记忆就与你现在的一切无关，不要把那些痛苦随时带在身上。让它们见鬼去吧，忘记它们对你的伤害，忘记感情的背叛，忘记你曾有过的被欺骗的愤怒，你会发现，没有什么是忘不了的，没有什么能够真的伤害你，幸福的主动权紧握在你手中，任何人都不能将它抢走，任何变故都不能使你的人生状态发生改变。

哲人康德是一位懂得遗忘的人。当有一天他发现最信赖的仆人兰佩一直在有计划地偷盗他的财物时，他一气之下辞退了兰佩。但康德又十分怀念他，于是，他在日记上写下了悲伤的一行："记住！要忘掉兰佩！"

真正说来，让一个人忘掉伤心的往事并不那么简单。理智告诉我们要遗忘，但心却无法真的做到忘记，它总是不经意地就来干扰我们的情绪、刺痛我们的心。当痛苦的往事浮现出来时，我们要提醒自己，不要陷入悲伤的情绪中。所以，我们很有必要学习一点遗忘的方法。也许，最好的遗忘方法就是学会找乐，用新的快乐代替曾经的快乐或痛苦，或者专心工作，或者运动、旅行。一个人如果学会了忘怀之道，不愉快的心情自然会消失，代之将是朝气蓬勃的新生，幸福将为你再度发出耀眼的光辉。

哲人说："太阳底下所有的痛苦，有的可以解救，有的则不能，若有就去寻找；若无，就忘掉它。"如果命运已经无法改变，抱怨也无济于事，那么，倒不如淡定、淡定、再淡定，快乐、快乐、再快乐，直到让自己真的快乐起来。

第九章
微笑面对生活，
固守自己所拥有的幸福

　　知足是一种境界，知足的人总是会微笑着面对生活。在知足者的眼中，一切过分的纷争和索取都显得多余。在他们的天平上，没有比知足更容易求得心理平衡的了。不管遇到什么困难和困扰，他们都会为自己寻找合适的台阶，而绝不会庸人自扰。

　　我们常常对自己的境遇感到不满，认为自己不如别人。这样，我们就会因为各种事情搞得心烦意乱，甚至觉得压力重重。而这一切都源于我们对生活的不知足。淡定的人不是没有无奈，而是看淡了一切痛苦，固守着自己所拥有的幸福，自在地生活。

幸福就藏在人的心里

每一个人都是幸福的，只是我们常常以为自己的幸福在别处。于是，我们到处去寻找它。直到失去的时候，我们才会发现，幸福原来不在别处，就在自己的身边。幸福，原本就藏在我们心里。

据说，在很久以前，上帝在造人的时候与诸神开了一个会议。上帝说："我想要赋予人们快乐和幸福。可是，我又怕他们不珍惜，所以不想让他们轻易就得到。你们想想，应该把快乐和幸福藏在哪里好呢？让他们既不能永远找不到，也不能太轻易就到手。"

诸神开始各抒己见。有的说："藏到海底，这样人肯定很难发现。"有的说："要不，把它们埋在土里，人肯定想不到。"不过，上帝对这些方案都不满意。

最后，一位天使说："我想，还是把幸福快乐的秘诀藏在人们的心里吧，人类总是习惯到外面去寻找幸福，肯定想不到幸福的秘诀就在自己身上。"

就这样，上帝把幸福和快乐的秘诀藏到了每个人心里。

我们经常用来与幸福搭配的动词是"追求"，有很多人一辈子都在追求着幸福，可是，幸福却偏偏在和我们藏猫猫。小时候你以为长大了、工作了、有钱了，就可以买到你喜欢的东西了，而不是向爸爸妈妈哭着喊着讨要；长大了，工作了，小时候想要的东西你再也不想买了，你又有了新的追求。哦，名牌、名车、洋房？能得到这一切我就会有自己的幸福了。于是，你辞职、下海、经商，终于得到了这一切。但你还不满足，和别人相比，你拥有的这点东西实在算不了什么……其实，幸福不在于你得到了什么，幸福是你对生活的感觉状态。感受的好与坏就在一念之间，因为幸福就藏在自己的心里。

一位女士去看心理医生，因为她整日茶饭不思、夜夜失眠，身体消瘦得厉害，但是各种检查显示她的身体一切正常，没有什么疾病。心理医生看她情绪不好，知道这些都是心理抑郁的症状，于是便问她："你是不是觉得生活很痛苦？"

这位女士像遇到了知音一样，开始喋喋不休地向心理医生诉说自己的种种苦恼，其实那都是一些鸡毛蒜皮的家庭琐事，比如对门的邻居见面没主动和她打招呼，真是没礼貌；楼上的邻居每天晚上总是走来走去，发出很大的声响，真是没素质；一个本来关系不错的同事居然在背后说自己的坏话；老板总是说要给自己加薪，可总是没动静。她说生活真是没有意思，处处都不顺心。

心理医生边听她说边记，等她说完了，又问她："老公对你好吗？"

女士脸上有了笑容，说："我的老公很疼爱我，我们结婚6年了，他从来没有对我说过一句重话。"

心理医生微笑着点点头又问："那你有孩子吗？"一说到孩子，女人满脸笑容："我儿子今年4岁了，聪明活泼。"

"你看，你明明还有这么多开心的事，老公、孩子才是你最重要的，你难道一直都没有发现吗？生活不是十全十美的，不能因为有一点不如意就彻底否定了你的幸福啊！"

　　明明幸福就在自己的身边，可是我们偏偏把这一生最得意的东西给忘了、忽略了。明明有爱自己的老公，却和邻居的不礼貌较劲；明明有可爱的孩子，却和公司的同事较劲。我们总以为，如果不顺心的事情解决了，我们就幸福了。事实真的如此吗？我们遇到不开心时，不妨让自己做几道选择题。比如，一位女士认为自己的孩子学习成绩不好，就每天逼着孩子学习，但孩子的成绩就是上不去，她觉得自己非常不开心。有一天，孩子的一句话令她顿悟。孩子说："如果我死了，你是不是就不再为我的学习成绩感到痛苦了？"这位妈妈突然想到，假如自己真的把孩子逼死了该怎么办？只要孩子健康、快乐，学习成绩有那么重要吗？这样一想，这个妈妈每天都觉得很幸福。

　　在浮躁的现代社会中，我们习惯于把幸福具体化、物质化，我们打着"追求幸福"的幌子去追求财富、追求完美的爱情、追求成功。而其实，幸福不在别处，幸福源自内心，它不是神赐予的，也不是邻居、同事、上司给予的，更不会被任何人抢走。幸福只在自己的心中。

开心地过好每一天

艾佛列德·德索萨曾经说过："去爱吧，像从来没有受过伤一样；跳舞吧，像没有人欣赏一样；唱歌吧，像没有人聆听一样；工作吧，像不需要钱一样；生活吧，像今天是末日一样。"艾佛列德·德索萨意在告诉我们，幸福不在过去，也不在未来，而在当下。

17世纪法国科学家兼思想家帕斯卡在他的《沉思录》中说："我们向来不曾把握现在；不是沉湎于过去，就是期盼着未来；不是拼命设法抓住已经如风的往事，就是觉得时光的脚步太慢，拼命设法使未来早点到来。我们实在太傻，竟然留恋于并不属于我们的时光，而忽视唯一真正属于我们的此刻。"此刻，就是当下。佛经里将"当下"视为最小的时间单位——1分钟有60秒，1秒钟有60个刹那，1刹那有60个当下。当把时间切到很小的单位时，当下就是永恒。

有一天，云门禅师将他所有的弟子聚到一起，对大家说："15日以前的事暂且不问你们了，15日以后的情况怎么样，请每人简单地阐述一下。"

弟子们你看我、我看你，都不知该如何应答。于是，云门禅师这样开悟他的弟子说："日日是好日。"

"日日是好日"是说日子过得好与不好不是绝对的，这只是一个人的心境和认识角度问题。宋代无门慧开禅师有诗云："春有百花秋有月，夏有凉风冬有雪。若无闲事挂心头，便是人间好时节。"说的也是"日日是好日"的道理。

幸福不在明天，也不在昨天，而在当下。也许今天我们只能取得百分之一的幸福，但只要抓住这小小的百分之一，忽略那百分之九十九的不如意，就能够获得百分之百的幸福感受。反之，如果你拥有了别人眼中那百分之九十九的幸福，但只计较于百分之一的缺憾，那么你的幸福感也只能是零。

美国有一位老妇人，在她54岁那年丈夫因病去世。这已经是人生不可承受之痛，没想到更大的打击接踵而至。先是子女为遗产问题闹得不可开交，接着是丈夫生前经营的那家加油站宣告破产，她不得不卖掉房产和所有值钱的家当来抵偿债务。

她从年轻时就依靠丈夫生活，一直都顺风顺水，头上连半点雨滴都不曾淋到过。现在所有的人生不幸都一齐找上门来，由她一人承担。想到如今已经一无所有，而自己也即将步入老年，她不知道余生将如何度过。一想到贫穷、寂寞的余生，她就更加痛苦，整日以泪洗面。最后，她生了病，不得不住进医院。

医生了解到她的情况后，对她说："你的病情很严重，需要住院。"

"不，我没有钱住院。"

医生可怜她，和她商量，她的病并不影响工作，所以，她可以一边在医院做清洁工，一边进行治疗。

于是，从这一天开始她便成了病房的清洁人员。有了事情做，她心里反而好过一些。反正已经这样子了，大不了就是等死吧，想太多也没用。每天，她看着病人来了又走、走了又来，不断有病人在痛苦的煎熬中离开人世，她猛然惊醒：比起这些即将死去和已经死去的人，还有什么比活着更好的呢？自己才54岁，还能活很久，还可以工作。

她做了3年清洁工，对病人的心理了如指掌，于是医院重金聘请她给病人做心理辅导。当她76岁时，已经拥有这家医院51%的股份了。在她办公室的墙上有这么一句话："昨天的痛已经承受过了，还有必要反复兑现吗？明天的痛尚未到来，有必要提前结算吗？"

过去是记忆，未来是想象，真正的、真实的幸福是现在。明天是否幸福那是明天的事，今天有诸多的不如意，那也不妨碍你享受当下。

两个女孩在照镜子，一个说："唉，我真美，可是没有人赏识我，那些不如我的人都成了明星！"另一个女孩子说："哇，我真漂亮，公园里的紫丁香盛开了，我要去拍一套写真纪念。如果在路上能遇到一个星探，让我去演一个皇妃那就更棒了。"你不是明星，但对于你的美丽没有丝毫影响，更不影响你享受当下的小幸福，不是吗？活在当下是最愉快、最安稳、最科学的一种幸福方法。

一天，一位粉丝拿着自己的画作去向画家柯罗请教，柯罗如实地指出了画中的几个缺点。粉丝说："非常感谢您的指点。我明天就按您的指点改好它。"柯罗说："为什么不是今天呢？假如明天你就死了呢？"

试想一下，如果明天你就要死掉，或死于一场地震，或死于一场车祸，那你今天会怎么办？尽量把自己置身于死亡的情境中，不要给自己任何侥幸。也不要说，哦，这只是一个想象。闭上眼睛好好想一想，想想近几年发生的几次天灾，想象自己就是其中的一个蒙难者，你希望在临死前如何度过这最后一天？你还会为昨天错过的一段恋情而难过，因为银行存款的数字位数太少而忧心吗？

妻子刚去世不久，老公在整理妻子的遗物时发现了一条崭新的丝巾，那是他们去杭州旅游时在一家品牌店买的。那是一条漂亮的花色丝巾，从买回来后妻子就从来没有戴过，连商品标签都原封不动地挂在上面。妻子一直舍不得戴，她想等到一个特别的日子再戴上它，可是那个所谓的特别的日子从来就没有来过，而她，如今再也没有机会戴上这条美丽的丝巾了。

我们都不相信自己会马上逝去，以为还有大把的时间。可是，死神说来就来，很少能和你预约。当死神来临的时候，我们往往连后悔的时间都没有。不管我们生前是富有还是贫穷、是开心还是痛苦，逝去的时候什么都带不走，什么感觉都不再有。"人活着，钱却没了；人死了，钱却没花完"，哪个更让人郁闷？有人说是前者，因为人死了什么感觉也没有了，说不上痛苦或不痛苦。有人说是后者，因为替死者想，辛苦一辈子，舍不得吃、舍不得穿，人死了，钱就只是一堆废纸了。其实，有没有钱、花没花完都不是问题，把钱和幸福等同起来才是最大的问题。

有没有钱都没关系，钱花没花完也没关系，关键是，在你死前的那一分钟、一秒钟里，你应该是快乐的、幸福的。

有一种快乐叫知足

一个人应该懂得知足，从中得到快乐，让自己活得更轻松、更有意义。

知足常乐，它的意思是说：知道满足，就总是快乐、幸福。也就是说，人们只要安居乐业、丰衣足食，就能无忧无虑、幸福快乐。它告诫人们要安于已经得到的物质、利益、地位等。

也许，我们觉得自己的职位不高而去努力工作；也许，我们因为自己的钱太少而去拼命挣钱；也许，我们对自己的住房条件不满意而去争取过得好一些。也许，当这一切都实现后又感到不满，继续去努力获得一些更好的东西。当一切都结束时，我们会叹息，我们拼搏了一辈子，为了让生活过得好一些，可是到最后，我们并没有享受到我们的成就。

知足常乐，这句话出自《老子》中的一段："祸莫大于不知足，咎莫大于欲得，故知足之足，常足矣。"古往今来，不知有多少人恪守这一箴言，一生平平安安、幸福美满；也不知有多少人不以为然，甚至反其道而行之，结果却一生坎坷、多灾多难。"不知足"是人的本性，"知足常乐"就是针对人的这一本性所说的。

人的欲望是没有止境的，人们为了追求更高的目标和享受更美好的生活而拼搏奋斗是无可厚非的。但是，社会和生活所能满足的欲望总是有限的。

在现实生活中，"足"是暂时的，而"不足"却是永恒的。如果一个人时时刻刻以"足"作为追求的目标，那他得到的永远是"不足"。反之，如果一个人时时刻刻对生活的"不足"予以理解和接纳，那么他的感受反倒会是时时刻刻的"足"。

"足"和"不足"是对立的，但也是辩证的。知"不足"，所以才知"足"；不知"不足"，所以才不"知足"。"不足"，才可以知足；不知足，便总是"不足"。足不足是物性的，而知不知则是人性的。以人性驾驭物性，便是知足；让物性牵制人性，就是不知足。足不足在于物，非人力所为；知不知在于人，非贫富贵贱能左右。

上帝在天庭里闲得无聊，突然想到了一个好玩的主意："如果让世界上的万物再选择一次，他们想要做什么呢?"于是，他让天使去办这件事情，而天使最后带回来的答案却让上帝大吃一惊。

猫说，如果让它再活一次，它要做一只老鼠。它认为自己偷吃主人一条鱼，会被主人打个半死，而老鼠却可以在厨房翻箱倒柜、大吃大喝，人们对它却无可奈何。

老鼠说，假如让它再活一次，它要做一只猫。吃皇粮、拿官饷，从生到死由主人供养，时不时还有老鼠给它送鱼送虾，很自在。

猪说，假如让它再活一次，它要当一头牛，生活虽然苦点儿，但名声好。而它们似乎是傻瓜懒蛋的象征，连骂人都要说蠢猪。

牛说，假如让它再活一次，它愿做一头猪。它认为自己吃的是草、挤的是奶、干的是力气活，可有谁给它评过功、发过奖? 而做猪多快活，吃罢睡、睡罢吃，肥头大耳，快乐赛过神仙。

鹰说，假如让它再活一次，它愿做一只鸡，渴有水、饿有米、住有房，还受主人保护。而它们一年四季漂泊在外，风吹雨淋，还要时时提防冷枪暗箭，活得太累。

在现实生活中，许多人都习惯于把自己和别人相比。殊不知，自己也是别人羡慕的对象。

人生最大的烦恼不在于自己拥有的太少，而在自己想要的太多。庄子云："其嗜欲深者，其天机浅。"就是说一个人的欲望多了，就会缺少智慧与灵性。所以，一个人要时刻节制嗜欲，减少思虑，去除烦躁，杜绝烦恼，省精保神，以平淡的心态对待生活的诱惑和干扰，让自己的灵魂安然于梦。但是，安守平淡并不是说不求进取，也不是说无所作为、放弃追求，而是要以平淡的心态来对待人生。

知足是保持淡定的心态

知足是一种境界，知足的人总是微笑着面对生活。在知足者眼中，一切过分的纷争和索取都显得多余。在他们看来，没有比知足更容易求得心理平衡的了。不管遇到什么困难和困扰，他们都会为自己寻找合适的台阶，而绝不会庸人自扰。

俄国文豪契诃夫曾经说过："要是火柴在你的衣袋里燃起来了，那你应当高兴，多亏你的衣袋不是火药库。要是有穷亲戚上别墅来找你，那你不要脸色发白，而要喜洋洋地叫道：'挺好，幸亏来的不是警察！'要是你的手指头扎了一根刺，那你应当高兴，幸亏这根刺不是扎在眼睛里。"幸福的真谛就是要懂得满足。

一天傍晚，虚有禅师在河边散步，看到几个人正在岸边垂钓。禅师无事，就站在旁边观看。这时，其中一位垂钓者竿子一扬，钓上来一条大鱼，足有三尺长，活蹦乱跳的，旁边围观的人都为他齐声欢呼。可是，这个垂钓者却熟练地取下鱼嘴内的钓钩，顺手就将鱼丢进了河里。人群中响起一阵惋惜声，但心里又很佩服这个垂钓者，这么大的鱼还不能令他满意，可见这是个钓鱼高手。就在众人屏息以待之际，钓鱼人又是一扬竿，这次钓上的是一条两尺长的鱼，钓鱼人又把它顺手扔进了河里。第三次，钓鱼人的渔竿再次扬起，钓线末端钩着一条不到半尺长的小鱼。围观的人群发出了一阵失望的叹息，有人心想，早知如此，第一次就不应该丢掉那条大鱼了。不料，这次钓鱼人却将鱼小心解下，放进了渔篓。围观的人百思不得其解，就问他为何舍大而取小？

钓鱼人回答道："因为我家最大的盘子还不到一尺长。"

看到这，禅师深有感触地说："世人皆求大而不求小。其实，适合自己的才是最好的。"

对于钓鱼人而言，他可以给自己买一个更大的盘子，也可以把鱼切断烹制。所以，在旁观者看来，这个钓鱼人其实是很傻的。但我们都忘了一个很重要的问题，那就是，我们肚子的容量是一定的，钓者只要半尺长的小鱼，哪里是因为盘子不够大，而是因为钓鱼人要的是那一份内心的知足啊。

作家史铁生曾写道：

"生病的经验是一步步懂得满足。发烧了，才知道不发烧的日子多么清爽；咳嗽了，才体会到不咳嗽的嗓子多么安详。刚坐上轮椅时，我老想，不能直立行走岂不把人的特点搞丢了？便觉天昏地暗，等又生出褥疮，一连数日只能歪七扭八地躺着，才看见端坐的日子其实多么晴朗。后来又患尿毒症，经常昏昏然不能思想，就更加怀恋起往日时光。终于醒悟：其实每时每刻我们能健康地活着都是幸运的。"

只有失去健康的人，才知道有健康是多么幸福、活着有多么幸运。可是，现代人却常常忽视自己所有的一切，反而因为自己住的房子没有别人的大而感到不知足，因为自己的衣服不是名牌而感到不平衡，因为自己赚得不够多而感到不开心。

一对贫穷的老夫妻，决定将家里的一匹马拉到集市上卖掉，换一点生活用品。于是，老头子便牵着马去赶集了，他将马换成了一头母牛，这样他和老婆子就有牛奶喝了。后来，他又看到了羊，觉得喝羊奶还可以剪羊毛也不错，就用母牛换了一只羊。后来，他又看到了卖鹅的，想着鹅蛋比羊奶更有用，便用羊换了一只鹅。接着又用鹅换了一只母鸡，最后又用母鸡换了一袋烂苹果。

当他扛着袋子来到一家小酒店歇脚时，遇到了两名商人。在闲聊中，老人谈到了自己赶集的收获，两个商人听后哈哈大笑，他们一致认为，老头子回到家准得挨老婆子一顿数落，可老头子却十分坚定地认为绝对不会发生这种事情。商人就与他打赌，如果他回家没有被老婆责罚，就送给他一袋金币。于是，三个人一起回到了老头子家中。

老婆子见老头子回来了，非常高兴："老头子，今天收获一定很多吧！快告诉我，你都买回什么东西了！"于是，老头子兴奋地讲述起了自己这一天的"奇遇"。每当听到老头子讲到用一种东西换了另一种东西时，她都十分激动地予以肯定："哦，我们有牛奶了。""羊奶也同样好喝。""哦，感恩节我们有肥鹅吃了。""哦，我们有鸡蛋吃了。"诸如此类。最后听到老头子背回一袋已开始腐烂的苹果时，她大声说："我们今晚就可以吃到苹果酱了！"说完，不由得搂起老头子，深情地吻着他的额头……当然，他们还得到了商人的一袋子金币。

你看，原来快乐的心也能生出金子来。快乐就是我们最大的财富，为一头牛、一只羊，或者一只鸡、一堆烂苹果而伤神，实在是不值得的事情。更何况，一头牛虽然换回了一堆烂苹果，但烂苹果可以做成苹果酱，一样会有香甜的滋味。生活要幸福，其实很简单，知足就好，有一颗知足的心就能拥有幸福的生活。

当然，我们说的知足并不是要我们固守清贫，每个人都有自己的追求，知足并非就是要我们放弃追求、安于现状，而是让我们对自己的现状保持淡定的心态。

不要过度追求完美

世界上从来没有完美的人，也没有完美的艺术品和完美的结局。人生必然是有缺憾的。我们可以无限接近完美，却不能苛求完美。尽自己最大的努力，能把事情做到七分好就做七分、能做到九分好就做九分，不要因为不完美而烦恼。

有人说，完美是上帝给人类的诱饵，它是永远让人眺望而无法达到的目标。所以，完美只存在于人的想象中。幸福不是"完美主义"，追求十全十美会使自己陷入自己设计的人生牢笼中而不能自拔，而幸福感也许就在人们那不能实现的"幸福"追求中慢慢消失了。

在 2004 年的法国网球公开赛上，女选手维纳斯·威廉姆斯取得了 17 场连胜的骄人战绩。她对记者发表胜利感言："我还不够努力：有时候，我获胜心切；有时候，我求胜心又不够强。有时候，我不遵从教练指导；有时候，我不服从自己的安排。我讨厌在任何事情上出错，不仅是球场上。"

从这段话可以看出，维纳斯·威廉姆斯是一个完美主义者，凡事追求完美是她赢得比赛的一个重要因素。但我们想象一下，威廉姆斯在说这番话的时候真的开心吗？也许，那时她正在为自己的成功而感到骄傲，为打败对手、赢得全世界的注目而感到得意，可是，我们没有从这段话中捕捉到一点幸福的信息。追求完美让威廉姆斯成功，但也让她时时处在面对失败的恐惧中，因为完美主义者不容许自己有丝毫错误和失败。一旦失败，他们就会感到焦躁不安和恐惧，感觉全世界的人都在轻视自己、嘲笑自己。虽然追求完美是威廉姆斯达成目标的动力，但为什么不是以"追求比赛的快乐"为动力，为什么不是以"我喜欢网球这项运动"为动力，为什么不是以"我喜欢挑战的过程，而不是结果"为动力呢？这些动力仍然会帮助我们达成目标，也会让我们更加快乐。

完美主义者太过在意每一个细节上的完美，只要有一个细节做得不够好他们就会对自己的工作感到失望，甚至毁掉自己的作品。有一个女孩喜欢写作，可是经常会因为一个不够完美的开头、一段中间稍嫌生硬的段落而扔掉一沓稿纸。她一直告诫着自己："等我30岁时一定能写出完美的作品。""等我60岁时一定会写出完美的小说。"而事实上，她可能永远都写不出100分的作品，但她可以写出80分的作品、90分的作品。其实，完美主义者常常会因为期望值太高反而变成懒惰主义者。

著名学者、编剧、导演阿拉斯戴尔·克莱尔在外人眼中近乎完美。他是牛津大学的著名学者，一个优秀的编剧和导演，并获得了许多国际电影奖项，但他却在自己的电视片《龙的心》获得艾美奖的前夕扑向了一辆疾驰的火车。克莱尔的前妻说："他曾经赢得过许多比艾美奖还要重要的奖项，但没有一个能使他满意。"

如果阿拉斯戴尔·克莱尔知道自己将要赢得艾美奖，他的人生会不会有所不同呢？其实，不管他是否能赢得艾美奖，这个男人都不会真正地开心起来。因为完美主义者永远会盯着自己不够完美的部分，并为此而苦恼和自卑。加拿大不列颠哥伦比亚大学心理学家保罗·休伊特说："人们往往忽略了完美主义者脆弱的一面，譬如沮丧、厌食和自杀。"阿拉斯戴尔·克莱尔就是一个最好的案例。

完美主义者往往因为一处缺陷而否定已经取得的成绩，就如一个美女因为脸上长了个雀斑就彻底否定了自己的美丽一样，这不是很荒唐、很可笑吗？而在那些看起来好像"什么都拥有"但却不幸福的人身上，却经常可以看到这种情况。每个人都有追求完美的自由，但是，有的人却在过度追求完美，即便做得非常出色，还是会因为一点小瑕疵而如鲠在喉，为此感到不安。

有个渔夫从大海里捞到一颗晶莹圆润的大珍珠，但是美中不足的是，这颗珍珠上有一个小黑点。渔夫想，如果能把小黑点去掉，这颗珍珠不就变成无价之宝了吗？可是渔夫剥掉一层，黑点仍在；再剥一层，黑点还在。一层层剥到最后，黑点没有了，可珍珠也变成珍珠粉了。风一吹，连珍珠粉也没有了。

瑕不掩瑜，没有人能达到百分之百的完美。每个人都是一颗有瑕疵的珍珠，有黑点的珍珠不见得不美丽，但我们却常常因为那个小黑点而耿耿于怀，以至于最后连珍珠也失掉了。追求完美的人本身并没有错，错在于，很多人在追求完美时把原本到手的幸福也失掉了。

有人曾经问一位走红的国际女影星是否觉得自己长得很完美，她说："不，我长得并不完美，我觉得正是因为长相上的某些缺陷才让观众更能接受我。"接受不完美的自己，接受不完美的生活，甚至喜欢自己的小缺点，这样的人才会感到真正的幸福。有这样一则童话故事：

一个圆不小心丢了一个小碎片，边缘有了一个小小的豁口。它要找回一个完整的自己，于是便踏上了找寻碎片的路途。因为它不够圆，所以滚动得非常慢。它一边滚，一边欣赏着沿途美丽的鲜花，和路上的虫子们聊天，向小鸟们问好，在阳光的怀抱中尽情呼吸。终于，它找到了自己的碎片，变回了一个完美的圆。然而，作为一个完美无缺的圆，它滚动得太快了，以至于看不清路边的花草，来不及和虫子、小鸟们打招呼，甚至也不能停下来享受片刻的阳光。

原来，有缺憾的人生才是幸福的。于是，圆扔掉了历尽千辛万苦才找回的碎片，又变回了有缺口的圆。这时，它又看见了鲜花，又能和小虫子、小鸟们聊天了。阳光暖暖地照耀着它，它感到幸福极了。

圆的故事告诉我们：正是不完美，才令我们更幸福。不幸失去行走能力的史铁生，在轮椅上获得了写作的灵感，写下了《我与地坛》等不朽之作。完美是上天用来捕捉你的错误的陷阱，有瑕疵并不代表你就是不幸福的人。

如果你不能接受生命的不完美，你也就没有资格获得完美的人生。因为"完美"本身就包含着"缺陷""错误""否定""失败"等并不完美的字眼儿。只有接受生命的不完美，为生命能够继续运转而心存感激，才能成就"完美"的生活。

幸福与金钱无关

幸福只与我们自己的心有关，不要以为幸福等于金钱，不要以为幸福就是香车宝马、功名利禄，不要以为幸福就是随心所欲、要什么有什么，更不要以为有钱了幸福就会来到你的身边。如果你因为没有钱而感到不幸福，那么有钱的你同样不会幸福。

科学家们发现，幸福与金钱之间有个临界线。在临界线之前，金钱和快乐是成正比的，钱越多幸福指数越高；而过了临界线，金钱和快乐是成反比的。享受生活，未必要等你挣够了100万元才行。幸福诚然需要一定的经济条件作为基础，但并不代表越有钱越幸福，很多有钱人并不幸福。一般而言，月收入5000元的人要比月收入1000元的人快乐，而月收入5000万元的人却不一定比月收入1000万元的人快乐。其实，不管有钱没钱，我们的每一天一样可以过得有滋有味。甚至，只要你愿意，即使身上只有一元钱，你也会比千万富翁更幸福。

有一个女士在博客上回忆自己年轻时和老公每天只吃清水挂面的时光，那时候觉得每天都是满心的幸福。但随着钱越赚越多，老公却再也没有时间回来陪她吃饭，一桌子精心烹制的饭菜常常放到凉，于是只好倒掉。她觉得以前吃面条的日子真是幸福。这时她才明白，幸福和金钱的多少没有太大关系。

有的人一生都在拼命挣钱，以为赚够了钱就能买到幸福。于是，天天从早忙到晚，可是，钱却好像永远都不够买到他想要的幸福。这时你若叫他停下来，他又会想：我再努力一下，赚一把大的，幸福或许就来了。有的人认为，既然想要的幸福永远不会属于自己，那抓不住幸福就抓住钱吧！这是很多人失去幸福后的正常反应。

有一个富翁，一天发生了车祸，他的车被撞毁了。

"哎呀！我的奔驰啊，就这么撞毁了！"他号啕大哭起来。

有一个路人说："车毁了算什么，看看你的胳膊吧！"富翁这才发现，自己的胳膊被撞断了，于是，他又大哭起来："哎呀！我的劳力士呀！"

不惜用自由和生命为代价去换取财富的蠢事每天都在上演，以杀人为代价抢劫的不过是一款新型手机、一条项链、一只手表等，这样的事更是屡见不鲜。这些人和那个不为自己撞断的胳膊伤心的人有区别吗？

有个勤俭而吝啬的男人省吃俭用，直到晚年才攒下了 100 万美元。他觉得自己积累的财富已经足够多了，便决定从这些储蓄中拿出一小部分来买一间大房子，让自己安度晚年。可是，他的计划还没有付诸行动就到上帝那里去报到了。

他见到了上帝，希望上帝能够多给他一些时间，至少让他在那间大屋子里住上一天也好。于是，他对上帝说："如果你能让我再多活三天，我愿意献出我所有财产的三分之一。"上帝说："三天时间太长了，如果人人都可以用金钱来购买生命，那生命就太不值钱了。"

男人说："好吧，我愿意用我所有的积蓄换一天的生命。"上帝还是摇了摇头，再多的金钱也买不来一天的生命，因为生命实在是太宝贵了。

最后，男人只好无奈地说："那么，请给我一分钟的时间吧！让我给后人留句话。"上帝同意了。

他留下来的话是："生命是最宝贵的，再多的财富也买不来一天的生命。"

如果不懂得在有生之年去享受，再多的钱也没有任何意义。或者说，活着，就是最大的幸福。活一天，就要享受一天的幸福。

是的，我们要珍惜活着的每一天，不要说"等我有了钱将如何如何"之类的话。你的幸福跟金钱无关，与任何物质与非物质的东西都无关。只要你活着，就是幸福。没有什么东西能与活着相比，没有什么东西能比"幸福"本身更重要。如果你觉得有了钱才有幸福，那你可能永远得不到幸福。

多一些感恩，少一些抱怨

如果我们时时都能用感恩的心来看待这个世界，那么就会觉得这个世界充满了爱、充满了幸福。我们生活在这个世界上，哪怕是路边的一棵小草也是值得我们感恩的，因为它覆盖大地，参与着光合作用，还给了我们赏心悦目的绿色。我们应该感恩所有，包括一草一木。

美国前总统罗斯福在没做总统之前，有一天家中被盗，一位朋友听说后就写了一封信安慰他。不久，这个朋友收到了罗斯福的回信，信中说："我要感谢上帝，第一，贼偷去的是我的财物，而没有伤及我的性命；第二，贼只是偷了我的部分财物，而不是全部；第三，最值得庆幸的是，做贼的是他而不是我。"面对家中失窃的损失，罗斯福不但没有怒气冲冲或者心疼财物，反倒找出了三条值得感恩的理由，这也是罗斯福后来之所以成为总统的原因吧。

一位哲人说："世界上最大的悲剧和不幸就是一个人大言不惭地说：'没有人给过我任何东西。'"只要你还活在这个世界上，就意味着你正在享受很多人提供给你的服务。如果你身体健康、没有疾病，饿的时候就有食物吃，渴的时候就有水喝，困的时候有床睡觉，冷的时候有衣服可以穿，你几乎就没有任何可抱怨的借口，因为你已经是一个非常幸福的人了。如果你仍然认为自己一无所有或者不够幸福，那是因为你没有学会感恩和满足的缘故。

在一次学术报告会上，一位女记者问霍金："霍金先生，卢伽雷氏症已将你永远固定在轮椅上，你不认为命运让你失去了太多吗？"

"我的手还能活动；我的大脑还能思考；我有终生追求的理想；我有爱我和我爱着的亲人与朋友；对了，我还有一颗感恩的心。"

霍金用自己仅有的一根还能活动的手指，在键盘上敲下了这段话。

这也正是霍金能够以高度残疾的身体创造出世界科学奇迹的原因。感恩的心，让他不再以怨恨的心看待世界，不再以自怜的眼睛看待自己，而是在感恩中汲取力量，从而战胜身体的极限，获得了伟大的成就。

生活给予每个人的都不会太少，只要你好好珍惜，并不断用心去打造，你就能拥有生命的芬芳，你就能拥有骄人的成绩，你就能拥有幸福的生活。

想想看，与霍金相比，我们拥有的实在是太多了，生活中值得我们感恩的也实在是太多了。可是，偏偏正是那些拥有得太多的人，抱怨最多、感恩最少。

感恩节这一天，一个小男孩早早就醒了，但他没有起床——他不愿惊醒疲倦的父母。其实，男孩的父母早就醒了，只是，一贫如洗的他们已经没有能力在这个早上为孩子准备任何节日礼物，甚至连一顿像样的早餐都没有。

当然，最好的办法就是放下那点可怜的尊严，到慈善机构去申请救助，这样他们就能得到一只火鸡给孩子过节了。母亲终于忍无可忍了，她向父亲大声嚷道："你怎么就不能像别人那样去慈善机构走一趟呢？你不去也行，但你少在我面前耍威风。"

为了孩子，父亲应该放下尊严去讨一只火鸡回来。正当他要出门的时候，突然听到门外传来一阵敲门声。男孩跑去打开门，只见门外站着一个高大的男子，他满脸笑容，手中提着一只篮子，里面是火鸡、罐头，应有尽有。

男人很有礼貌地说："这些东西是一位好心人要我送来的，他希望你们知道，在这个世界上，还有人在关怀并深爱着你们。"男孩的父亲极力推辞这份厚礼，男人却说："不要推辞了，我只不过是个跑腿的而已。"说完，便把篮子挎在了小男孩的臂弯里，面带微笑地轻声说："祝你们感恩节快乐！"

让这个好心的男人想不到的是，这个小小的善举，不但让一家可怜的人过上了感恩节，也改变了这个小男孩的一生。

此后，这个小男孩无论在多么艰苦贫穷的环境里，都以一颗感恩的心善待他人，希望以自己的能力来回馈社会的赠予。18岁那年的感恩节，他用自己微薄的收入买了许多食物给两户极为贫穷的家庭送过去。当男孩把别人的关怀化作感恩的行动时，上帝也把祝福满满地装进了他的生命。这个男孩就是全球著名的心理励志专家、世界第一成功导师——安东尼·罗宾。一些世界著名的职业球员、企业总裁、皇室成员，甚至连国家元首都曾得到过他的帮助。

不管是多么不幸的人，只要生活在这个世界上，都应心怀感恩，因为活着本身就是一件值得感恩的事。每天早晨睁开双眼，我们就应该庆幸，真好，我还活着；起床，真好，我还可以站起来；上班，真好，我还没有失业。看，生活本身就是一件值得感恩的事。如果你已经失业了，而且今天生病了、起不来床，那至少你还活着。如果你马上就要死了，至少，这个世界你还来过。感恩，会让我们没有遗憾。

抱怨不如改变

　　在生活中，你会发现，不同的人做同样一件事，但因为做事的人看问题的角度不一样，心情就会不一样，做事的效率和结果也就不一样，各自的生活也就显现出完全不同的面貌来。这就是明明工作差不多、收入差不多，人生境遇也大同小异，但每个人的幸福感却不一样的原因。

　　有一天，小晴因为有事打车，正赶上交通高峰时段，没过多久，车子就被困在了长长的车龙之中。小晴很着急，不过想想，这时候出门遇上塞车也实属正常，着急也没有用，这样一想也就安心了。想来，司机师傅每天都要遇到塞车的情况，一个人在车里一待就是半天，一定很郁闷。于是，小晴便跟出租车司机聊起天来："每天的生意都不错吧？"

　　"好什么好，累一天，赚的那点钱连养活老婆孩子都不够。你们这些乘客还以为我们黑了你们的钱，动不动就投诉。"

　　小晴一想，也是。为了让大家都高兴起来，就说："你这车真不错，空间很大，坐起来很舒服。"

　　"你们这些小女孩，看见有车的帅哥就眼睛放光。可惜，我就是个开车的，车再好、再大，女孩子也不肯多看我一眼。我当年追女朋友时，花钱买了这辆车，可是，没过多久我就发现，这东西方便是方便，可是它很耗油啊。油价一天比一天贵。车养不起了，卖了又不值钱，干脆改行当出租车司机算了。"接着他又开始抱怨出租不好干，赚不到钱，乘客素质差、路况太差等，一路上怨声载道。

一到目的地，小晴飞快地逃下了车，耳根总算是清静了。小晴拍了拍胸口，长出了一口气，希望下次不要遇到这位师傅。

又过了几天，小晴与朋友打车去香山玩，这次，出租车司机是一位中年女人。小晴这次有经验了，一上车就乖乖闭上了嘴巴。没想到，司机却主动攀谈起来，跟他们说起自己拉客去香山的一些趣事，逗得小晴和朋友一路笑声不断。

司机还打开收音机，一路上伴随着欢快的歌声，有时候，司机还情不自禁地跟着哼几句。"我唱得不好听，你们别笑话啊。"

小晴笑了，说："看来你今天心情不错嘛！肯定出门就遇到好事了。"

"哪里，我每天都是这样啊。刮风也好，下雨也好，都影响不了我的心情。"

"为什么？你不会觉得开车很闷吗？听说现在开出租车也不太好干，万一遇到不好的顾客该怎么办？"小晴想起了上次那位出租车司机的抱怨，感到很好奇，心想，这位大姐要是遇到醉酒的乘客、小气的乘客、为一点小事就打投诉电话的乘客，还会开心得起来吗？

中年女人笑了："难缠不讲理的顾客肯定有，不过，也有好顾客啊。其实，我刚开始干出租的时候也不开心，觉得好无聊，在车里一坐就是十几个小时，真受不了啊！要是遇到难缠的顾客，一天都气得肚子鼓鼓的，哪儿还开心得起来？不过，很快我就发现了一个让自己快乐起来的方法。"

"什么方法？"小晴和朋友异口同声地问。

她说："换个角度来看，你就会发现，自己原来是很幸福的。后来我就想，其实我开车，就是客人付钱请我出来玩。像今天一早，我就碰到你们，花钱请我跟你们到香山玩，这不是很好吗？你看，沿途的风光有多美，而且，你们还要倒付我钱……"她故作神秘地坏笑着。

小晴也笑了，说："还真是这样，还有这好事呢！"

她又继续说："像前几天我载一对情侣去湖边看夕阳，他们下车后，我也下车挤在他们旁边看了夕阳才走。反正来都来了嘛，更何况还有人付钱呢！哈哈。"

小晴觉得和这样的司机同车出游真是一件幸运的事情，于是，跟这位女司机要了电话，准备以后再打车就给她打电话。接过她名片的同时，女司机的手机响了起来，原来有位老客户要坐她的车去机场。

同样是开出租车，一个做得牢骚满腹、痛苦无比，一个却做得开心快乐、风生水起。你心情不好，顾客看着你也不顺眼，生意自然不会好。你笑脸相迎，顾客看着你也高兴，坐你的车感觉舒服，下次当然更愿意照顾你的生意，生意自然会越来越好。

做其他工作也是一样，如果你习惯于抱怨自己的工作有多么枯燥、老板是多么苛刻，每天唉声叹气、愁眉苦脸地做事，你还能指望老板给你升职加薪吗？

阿雅在一家公司做文员，主要的工作内容就是给客户回复电子邮件。因为客户提出的问题都大同小异，回复的内容自然也差不多。所以，公司专门制定了一个模板，只要按照固定的格式填进不同的抬头和时间就可以了。

　　做了一段时间后，阿雅就对自己的工作感到厌烦了，连小学生都会做的事情，自己大学毕业，读了十几年的书，难道就是为了收发邮件吗？这和门口收发室的大爷有什么区别？所以，她整天无精打采的，做事时也心不在焉。

　　可她发现另一位和她从事同样工作的同事每天都做得很开心，于是就问："你不觉得这是一件很枯燥的事情吗？"同事说："以前我也和你一样，用模板给客户回信，没几天就感觉很枯燥。后来，我不再用模板里的内容，而是针对不同的客户回复不同的内容，比如有的客户最近才结婚，我就恭喜他早生贵子什么的，让客户通过邮件就能获得好心情，有的客户还会特意发邮件过来感谢我呢。"

　　不久，这位同事就被提升为主管，因为她与众不同的邮件为公司争取到了好几个大客户。

　　同样的工作，只是因为换了一份心情，就从令人厌烦的负担变成了充满乐趣的享受。心情改变，结果就会改变，就是这么神奇！

　　一位女人带着一个小女孩在百货店里闲逛，她们身上的衣服都很破旧。小女孩走到一架拍立得相机前，拉着妈妈的手说："妈妈，我要拍照。"妈妈舍不得花钱，便哄她说："我们的衣服太旧了，拍出的照片肯定不好看。"小女孩歪着小脑袋想了想说："可是，妈妈，我的微笑每天都是崭新的呀！"

　　听了小女孩的话，深受感动的摄影师免费为她们照了一张相。

　　生活中的你是否能像这个小女孩一样，虽然衣衫褴褛，却能每天都给自己以崭新的笑容？抱怨于事无补，反而会放大我们原本的痛苦和烦恼。抱怨不如改变，如果你对自己的现状不满意，那么就应改变自己，改变自己的心情。换一个角度想问题，你会发现，当你抛开抱怨时，原先的那些烦恼和痛苦也就跟着淡化了。

古希腊哲学家柏拉图对学生说，自己会移山之术，于是学生们便请求老师传授自己移山之法。柏拉图笑着说："很简单呀，山不过来，我就过去。"柏拉图是要告诉学生们这样一个道理，如果你改变不了环境，那就改变自己。你再抱怨，山也不会自己移过来，环境也是如此，不会因你的抱怨就发生变化。事情的结果已经很坏了，你再抱怨，它也不会好起来。改变不了环境，改变不了结果，那就改变你自己的行事方法、改变自己的心情。所以，不要养成抱怨的习惯，而要养成改变的习惯。当现实摆在面前的时候，停止抱怨，通过改变自己来改变现状，这就是最好的办法。

适合自己的，才是快乐幸福的

怎样生活才是最幸福的生活？答案很简单，只要是最适合自己的，便是最好的、最幸福的。

许多时候，我们往往对自己的幸福熟视无睹，却羡慕着别人的幸福。殊不知，在你羡慕别人的时候，别人也正用羡慕的目光看着你。其实，在这个世界上，每个人都有属于自己的位置，有自己的生活方式，有属于自己的幸福。不必羡慕别人的美丽花园，你自有你的田园。安心享受自己的生活、享受自己的幸福，才是快乐之道。

河的南岸住着一个和尚，河的北岸住着一个农夫，和尚每天看农夫日出而作、日落而息，生活得很有意思，令他非常羡慕，不像自己，每天除了敲钟就是念经。而农夫呢，看到和尚每天都是无忧无虑地诵经、敲钟，不用像自己这样每天面朝黄土背朝天，也令他非常向往。

如果能够换一下位置，过一过那样的生活，那该有多好。

有一天，他们在桥上相遇，互相说了自己对对方的羡慕之情，于是，二人决定互换身份，农夫变成和尚，而和尚则变成农夫。于是，农夫来到庙里念起了经，和尚来到农夫家里种起了地。

不过，好日子没过两天，农夫便发现，和尚的日子一点也不好过，那种敲钟、诵经的工作看起来很悠闲，事实上每天重复着单调而烦琐的步骤，枯燥而乏味，于是，他怀念起了当农夫时的生活。种田虽然辛苦，但是每天都有收获，还能和其他农夫一起唱歌聊天。更重要的是，家里还有妻子儿女，虽然不免吵吵闹闹，但乐趣无穷。他异常怀念当农夫时的快乐时光。

而做了农夫的和尚，重返尘世后，痛苦比农夫还要多，面对俗世的烦扰、辛劳与困惑，他非常怀念当和尚的日子。当和尚虽然枯燥，但清心寡欲，没有那么多烦恼。敲完了钟，念完了经，没事吹吹风、赏赏月，人生自有一番清雅乐趣。于是，他每天坐在岸边，羡慕地看着对岸步履缓慢的师兄弟，静静地聆听着彼岸传来的诵经声。

这时，他们才明白，从前的日子才是最适合自己的。于是，他们又换回了属于自己的身份，过起了快乐幸福的日子。这时候，和尚看农夫，觉得别人的日子虽然有滋有味，但吵吵闹闹的，哪像自己这样悠闲自在。农夫看和尚，虽然悠闲自在，但枯燥乏味，哪像自己这般有滋有味。

每个人都有自己存在的价值，你也许会羡慕别人的生活比自己快乐，也许会认为别人的日子过得比自己有趣，然而，别人的生活再好、再有趣，也未必就适合你。

有一个女孩，高考失利没能考上大学，便进了村小学教书。几天后，因为家长反映她讲不清数学题，她只好走下讲台离开了学校。当村小教师是村子里最体面的工作，被学校辞退后，她难过得直哭。妈妈为她擦干了眼泪，安慰她说，满肚子的东西，有人倒得出来，有人倒不出来，没有必要为这个伤心，也许有更适合你的事等着你去做呢。

女孩只好跟着伙伴南下打工。她先后做过纺织工、市场管理员、会计，但都因为能力不济而没能坚持下去。女孩每次沮丧地回家，母亲总是安慰她，没关系，你只是没找准自己的位置。30 岁时，她凭着一点天赋当上了聋哑学校的辅导员。后来，她又开办了一所特教学校。再后来，她在许多城市都开办了残障人用品连锁店。这时的她，已是一个拥有几千万元资产的老板了。

我相信你，总有一天会有出息的。母亲笑着说。她有些怀疑地说，我觉得这都是因为我运气好，我失败了那么多次，干什么都不行，要不是运气好，哪里会有今天？母亲却说，你不过是找到了适合自己的那片天地。

生活中，我们在选择专业、工作、生活方式的时候都会面对这样一个问题——什么是最好的呢？其实，这个世界上根本就没有最好的，只要找到了最适合你的，就是找到了最好的。只有适合自己的生活才是最幸福的。

每个人都有自己的缺点和优点，有的人粗心，有的人细心；有的人喜欢做家务，有的人不喜欢；有的人喜欢吃甜的，有的人喜欢吃辣的；有的人喜欢工作，有的人喜欢游玩；有的人好动，有的人好静。我们必须明白自己是什么样的人、哪种伴侣最适合自己、哪种工作最适合自己的特长、哪种生活方式更适合自己的个性。只要弄明白了这些，即使你选择的不是最好的，但也一定是最适合自己的。